BEAUTY COLOR

뷰티와 색채

이화순 · 이운현

경춘사

뷰티와 색채

BEAUTY AND **COLOR**

지은이 이화순 · 이운현
발행인 안중기
발행처 도서출판 경춘사
등록번호 제10-153(1987. 11. 28)

인쇄 2016년 2월 20일
발행 2016년 3월 1일

서울시 마포구 마포대로 14길 31-9
경춘빌딩 101호

전화 (02)716-2502, 714-5246
팩스 (02)704-0688
홈페이지 www.kcpub.co.kr

값 **16,000**원

ISBN 978-89-5895-152-0 93590

PREFACE

머리말

뷰티는 인간의 가장 기본적인 욕구로 역사와 더불어 시작되었다고 할 수 있다. 인간의 미적 표출은 시대와 문화, 트렌드에 따라 변화를 거듭하고 있으며, 인간의 외형적인 아름다움을 표현하는 방법에는 여러 가지가 있지만 매스미디어의 발달과, 아이돌 그룹의 활약, 한류의 열풍 등을 들여다보게 되면, 메이크업, 헤어, 패션, 코디네이션 등 시각적으로 비쥬얼을 매우 중요하게 생각하여 이미지를 창출하는 것을 볼 수 있다.

이미지를 표현하기 위해서는 디자인의 요소인 색상, 형태, 질감을 조화롭게 사용하게 되는데 그 중에서도 색채는 사람들에게 가장 먼저 인식되고 기억되는 요소이며, 대학에서의 색채에 대한 교육은 필수적인 과정으로 심도 있는 내용습득을 통해 현장업무에서의 색채 응용력을 높이고자 교재를 집필하게 되었다.

제1장 빛과 색에 대한 정의를 알아보았고 **제2장**은 색의 세 가지 속성인 색상, 명도, 채도에 따른 이해를 돕기 위하여 KS색상환에 근거하여 삼속성을 이해하고자 한다.

제3장 색채계는 KS표준색체계를 기본으로 하여 톤에 따른 색상을 찾아 구별할 수 있도록 구성하였다.

제4장 색의 혼합은 두 개 이상의 색을 혼합하여 색을 만든 것으로 가법혼색, 감법혼색, 중간혼색에 대하여 설명하였다.

제5장 색의 심리는 색의 대비효과, 색의 시인성과 주목성, 색의 진출과 후퇴, 색의 온도감을 배색연습과 이미지 맵으로 표현하도록 하였다.

제6장 색상 배색에서는 메이크업이나 의상코디네이션 등에서 실제적인 색의 조화와 배색 기법을 이해하고 연습할 수 있도록 하였다. 색의 배색은 색상과 색조에 의한 배색과 도미넌트 배색, 그라데이션 배색, 세퍼레이션 배색, 엑센트 배색, 레피테이션 배색, 톤온톤 & 톤인톤 배색으로 나누어 설명되어 있으며, 각 배색 기법에 따라 사진을 찾아 실습할 수 있도록 구성되어있다.

제7장 색의 이미지에서는 각 색이 주는 상징성과 감정효과에 대해서 설명하였다. 뷰티 패션이 비시는 로맨틱이미지, 엘레강스이미지, 에스닉이미지, 모던이미지, 스포티이미지, 아방가르드이미지, 럭셔리이미지, 그리고 전통적인 이미지로 나누어 이미지 맵을 만들 수 있도록 하였다. 또한 계절색채를 이용한 이미지맵을 표현하도록 하였다.

제8장 색채기획 및 활용은 색의 심리, 배색기법, 색의 이미지 등의 이론을 바탕으로 미술사조와 컬러링 배색법 등을 활용하여 새로운 디자인을 배색할 수 있는 능력을 배양할 수 있도록 하였다. 그리고 배색기법을 이용한 상품디자인을 위한 색채계획을 세우고, 아이섀도우, 넥타이, 최신 트랜드 컬러를 이용한 이미지맵 구성과 컬러링아트를 통한 다양한 패턴 디자인을 하도록 제시하였다.

본 교재를 통해 뷰티&패션 전공 학생들 뿐 아니라 현장에서 일하고 있는 디자인 분야 종사자들에게 색채 활용과 응용능력을 향상시킬 수 있는 실용서로 자리잡을 수 있을 것으로 기대한다.

책이 나오기까지 지원을 아끼지 않으신 경춘사 관계자 분들과 자료 제공에 도움을 준 한양대학과 신안산대학 학생들에게 감사를 드린다.

2016년 2월 저자 일동

contents

Beauty Color 1

빛과 색

빛 사람들은 오감에 의해 일상생활에 있어서 여러 가지 사건과 사물의 존재를 인식한다. 그 중에서도 특히 시각에 의한 정보는 모든 감각의 80%이상을 차지하고 있다고 말할 수 있다. 우리가 살고 있는 환경 가운데 빛은 여러 가지 형태로 우리의 시각을 자극한다. 우리가 파란하늘을 보거나 녹색의 자연을 볼 수 있는 것은 빛의 산란작용에 의해서이다. 빛은 굴절, 산란, 흡수, 반사작용을 통하여 각기 다른 양의 밝기와 색으로 우리가 느끼게 된다.

빛은 일종의 전자파로 우리 눈으로 지각되는 범위를 가리키는 것(Visible light)으로 380nm~780nm의 파장을 가지고 있다. 380nm보다 짧은 파장의 영역을 자외선(Ultraviolet)이라고 하고, 780nm보다 긴 파장의 영역이 적외선(Infrared)이라고 한다. 이 범위를 벗어나면 전자파가 있으나 우리 눈으로 인지할 수 없다. 그래서 우리 눈으로 지각할 수 있는 빛을 가시광선(Visible light) 이라고 한다.

빛과 색의 관계를 과학적으로 증명한 것은 17세기 물리학자 아이작 뉴튼(Newton, 1642~1727)이다. 1666년 뉴튼은 프리즘에 의한 실험으로 자연 빛 가운데에서 여러 가지 색을 가지고 있는 빛이 혼합되어 있는 것을 발견하였다. 이 발견은 그 후 색채학 발전에 큰 영향을 주게 되었다.

빛은 파장에 따라 굴절하는 각도가 다르기 때문에 흔히 프리즘에 의해 그 스팩트럼(spectrum)을 볼 수 있다.

색 (color)은 빛에 의해서 인간이 느끼는 감각으로 물체의 크기나 형태가 같더라도 다르게 느껴지는 요인이 된다. 즉 빛이 가지고 있는 파장의 차이로 인해 사람들은 색이 다르다고 느끼는 것이다. 그래서 고유한 색을 가지고 있는 사물의 색을 알 수 있다.

우리가 느끼는 색은 빛의 파장이 380nm~780nm(* 1nm=1/1,000,000mm)의 가시광선이 물체의 표면에 반사 또는 투과되어 빛이 인간의 눈의 망막에 도달하여 자극을 시키고, 그 자극이 시신경을 통해 대뇌에 전달되어 색을 감지하게 된다. 다시 말해서 색채를 구성하는 기본적인 요소는 빛, 관측자, 사물의 관계에서 생기는 현상이다.

일반적으로 우리는 태양광선의 백색광에 적응해 있기 때문에 색상이란 고정된 것이라고 생각하기 쉬우나 사실 색은 빛에 의하여 결정되는 것이므로 광원에 따라 같은 색도 달라 보인다. 백열등 아래에서는 물체색이 황색을 띠고, 형광등 아래에서는 푸른빛을 띠게 된다. 그래서 이러한 혼돈을 막기 위해 국제적으로는 표준광을 결정하여 사용하고 있다.

이렇게 감지된 색은 우리환경에 중요한 요소가 될 뿐 아니라 가전제품, 자동차, 섬유, 식품 등 모든 제품에 영향을 주어 소비자들로 하여금 상품의 구매의욕이나 기호, 식욕 및 품질의 판단에 이르기까지 광범위하고 중요한 요인이 되고 있다.

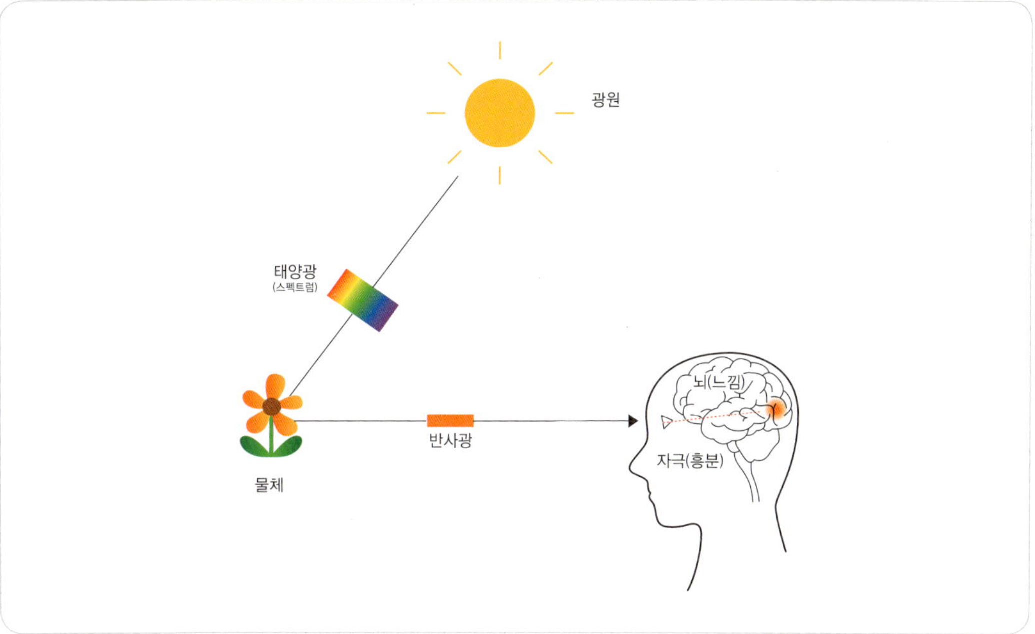

〈그림 1〉 색의 지각

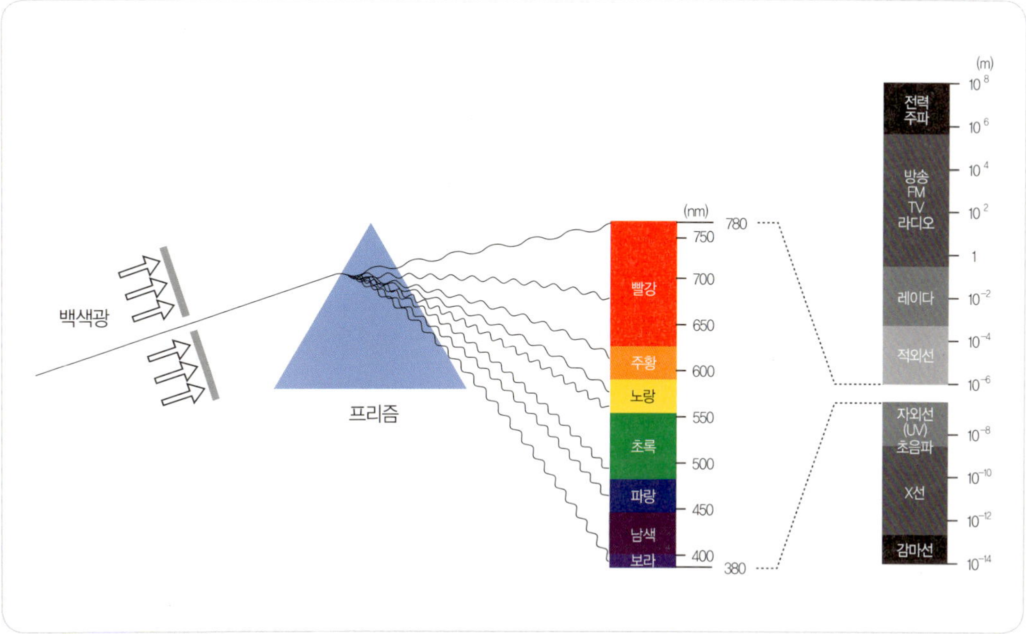

〈그림 2〉 전자파와 가시광선의 파장

Beauty Color 2

색의 삼속성

1) 색상(Hue)

색상은 컬러명이다. 모든 색상은 레드, 오렌지, 옐로우, 그린, 블루, 바이올렛에 이르는 무지개에서 자연스럽게 보여진다. 세 가지의 기본색인 레드, 옐로우, 블루와 이차색인 그린, 오렌지, 바이올렛 그리고 중간색인 녹황색, 청록색, 남보라, 자주색, 주홍색, 주황색을 순환적으로 배열하면 색상환이 된다. 색상환에서 가까운 이웃색을 유사색이라고 하고, 거리가 멀고 색상차가 큰 색을 반대색이라고 한다. 정반대쪽의 색상은 보색이라고 한다.

2) 명도(Value, Lightness)

색의 밝음에서부터 어두움에 이르는 변화를 명도라고 한다. 블랙에서 화이트의 단계는 블랙(0)에서 화이트(10)까지의 스케일로 나타낸다. 어두운 명도를 저명도, 밝은 명도를 고명도라 하고 그 사이를 중명도라고 하는데 이는 어떤 색도 화이트보다 밝거나, 블랙보다 어둡지 못하기 때문이다. 안료를 혼합할 때 고명도는 화이트를 섞음으로 가능하고, 반대로 표준색에 블랙을 섞으면 저명도가 된다.

3) 채도(Chroma, Saturation)

색의 선명함이나 탁함 정도를 채도라고 한다. 색의 순수한 정도에 따라 채도가 높은 색은 청색(맑은 색), 낮은 색은 탁색이라고 한다. 탁한 컬러들은 부드럽고, 회색빛이 도는 낮은 채도의 색이다. 선명한 색상은 때때로 깨끗한 색이라 불리는데, 이는 파스텔 색상이 항상 흐리거나 부드러운 색이라 불리는 것과 대조된다.

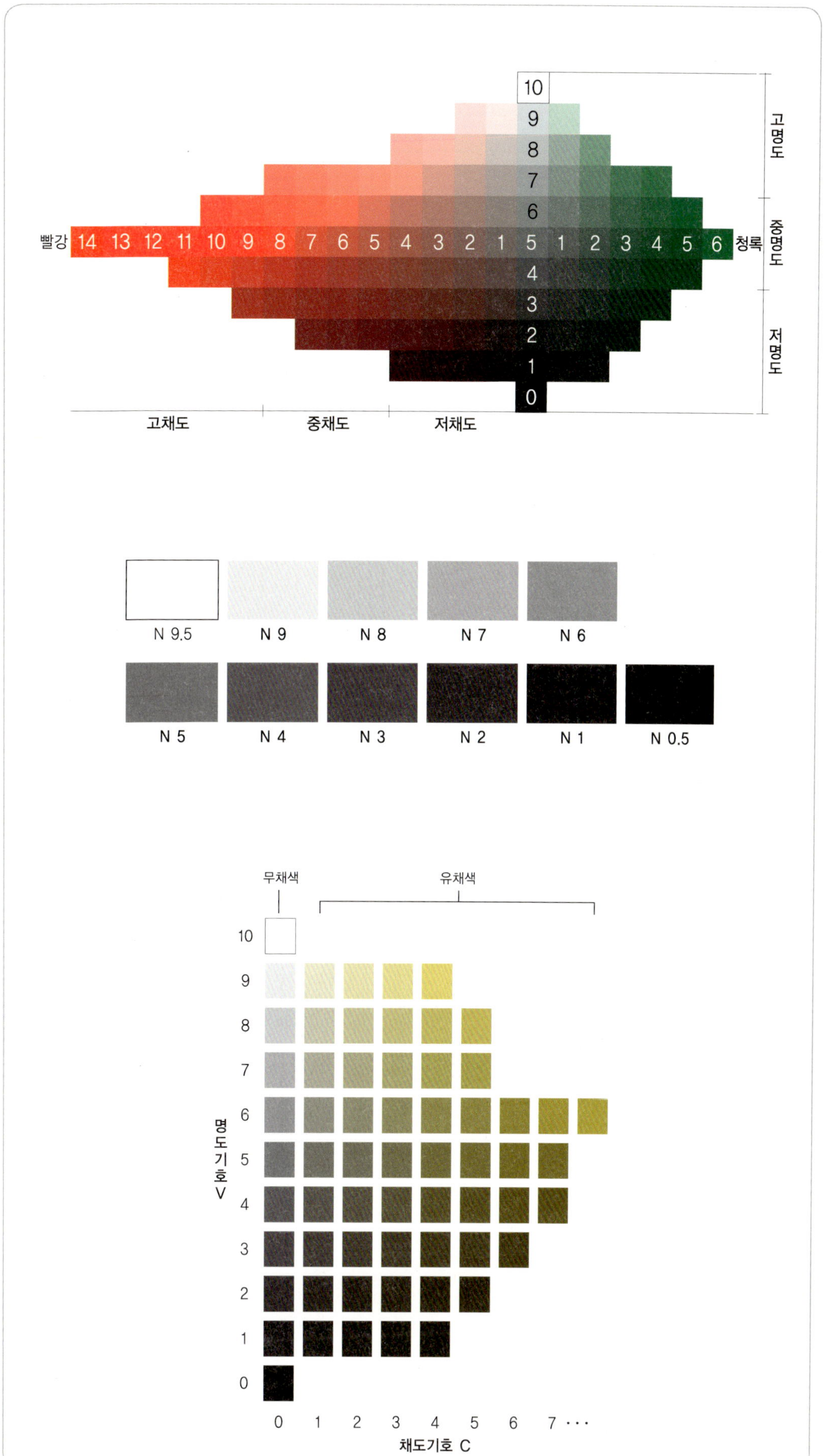

빨강
청록
고명도
중명도
저명도
고채도
중채도
저채도
N 9.5
N 9
N 8
N 7
N 6
N 5
N 4
N 3
N 2
N 1
N 0.5
무채색
유채색
명도기호 V
채도기호 C

〈그림 3〉 명도와 채도

02

- KS 색상환

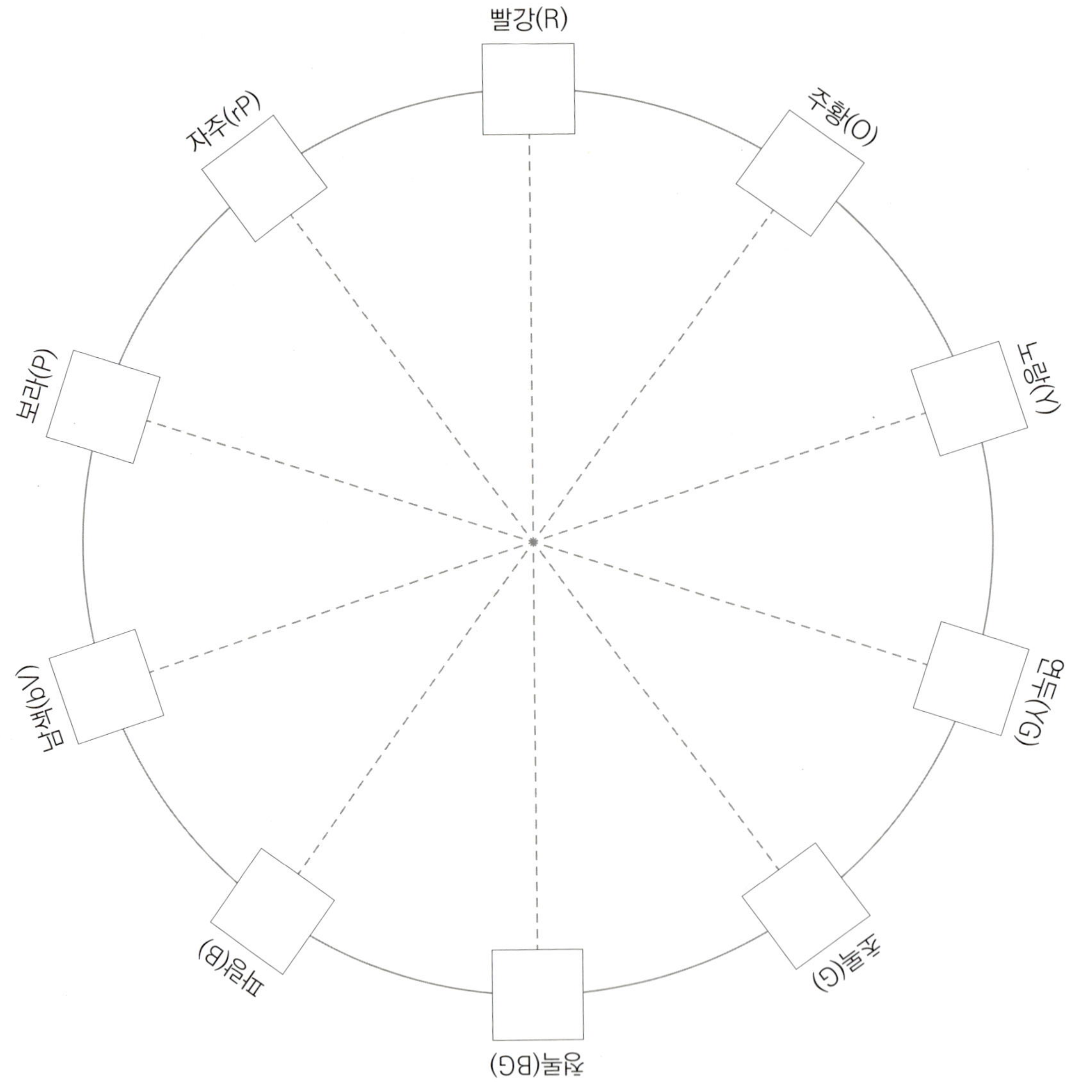

● 먼셀 색상환

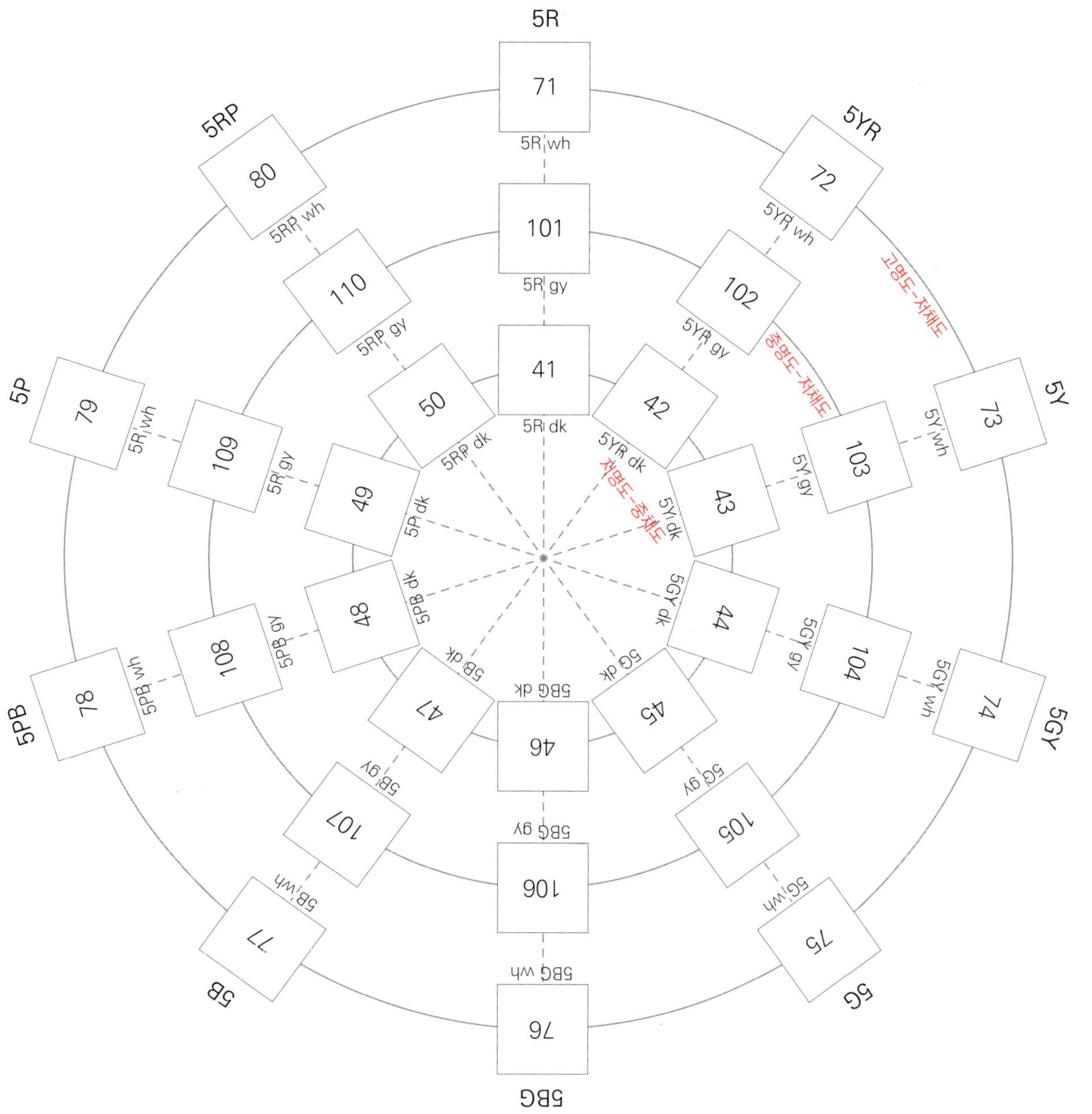

명도단계 (Gray Scale)

N1.5

N2

N3

N4

N5

N6

N7

N8

N9

N9.5

※각 명도단계에 해당하는 사진을 찾아 붙입니다.

- 명도단계 (유채색)

82

72

62

12

2

42

102

112

122

※각 명도단계에 해당하는 Orange 컬러의 사진을 찾아 붙여봅니다.

● KS tone

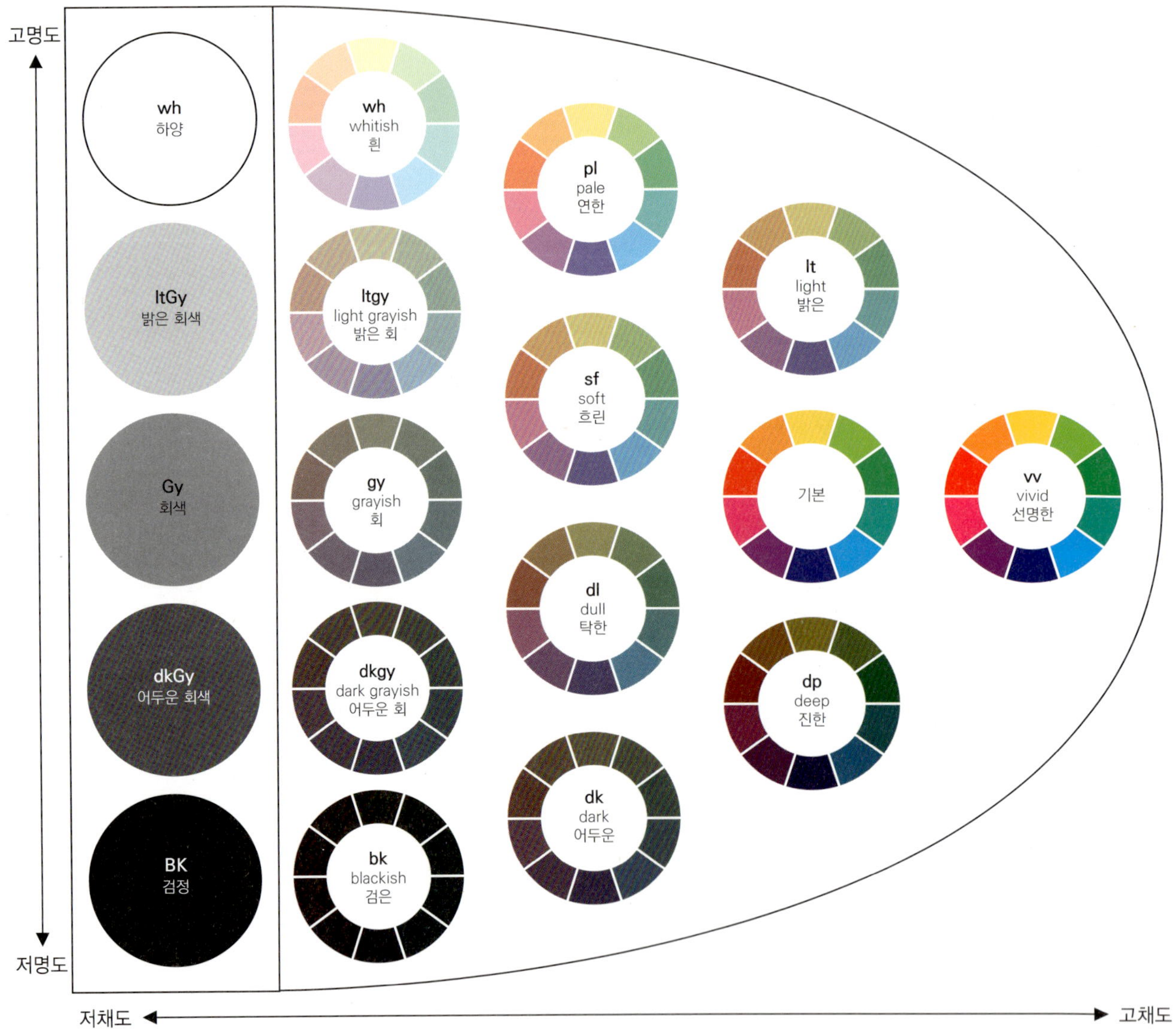

고명도
저명도
저채도
고채도
wh
하양
ltGy
밝은 회색
Gy
회색
dkGy
어두운 회색
BK
검정
wh
whitish
흰
ltgy
light grayish
밝은 회
gy
grayish
회
dkgy
dark grayish
어두운 회
bk
blackish
검은
pl
pale
연한
sf
soft
흐린
dl
dull
탁한
dk
dark
어두운
lt
light
밝은
기본
dp
deep
진한
vv
vivid
선명한

색상과 색조의 이해

KS 표준 유채색 기본 12색	R	O	Y	YG	G	BG	B	bV	P	tP	Pk	Br
	7.5R 4/14	2.5YR 6/14	5Y 8.5/12	7.5GY 7/10	2.5G 4/10	10BG 3/8	2.5B 4/10	7.5PB 2/6	5P 3/10	7.5RP 3/10	10RP 7/8	5YR 4/8

	빨강	주황	노랑	연두	초록	청록	파랑	남색	보라	자주
기본색	5R 4/12	5YR 6/14	5Y 8/10	5GY 6/10	5G 4/8	5BG 4/8	5B 4/10	5PB 4/12	5P 3/10	5RP 3/10
vv 선명한	5R 4/14	5YR 7/14	5Y 8.5/14	5GY 7/12	5G 5/10	5BG 5/10	5B 5/10	5PB 5/12	5P 4/12	5RP 4/12
dp 진한	5R 3/8	5YR 3/6	5Y 5/8	5GY 4/8	5G 3/8	5BG 3/6	5B 3/8	5PB 3/8	5P 3/8	5RP 3/8
dk 어두운	5R 2/6	5YR 2/4	5Y 3/4	5GY 3/4	5G 2/4	5BG 2/4	5B 2/6	5PB 2/4	5P 2/4	5RP 2/4
dl 탁한	5R 5/4	5YR 5/4	5Y 5/4	5GY 5/4	5G 5/4	5BG 5/4	5B 5/4	5PB 5/4	5P 5/4	5RP 5/4
sf 흐린	5R 7/6	5YR 7/6	5Y 7/6	5GY 7/6	5G 7/6	5BG 7/6	5B 7/6	5PB 7/6	5P 7/6	5RP 7/6
lt 밝은	5R 7/10	5YR 8/8	5Y 8.5/8	5GY 8/8	5G 7/8	5BG 7/8	5B 7/8	5PB 7/8	5P 7/8	5RP 7/8
pl 연한	5R 8/4	5YR 8/4	5Y 8/4	5GY 8/4	5G 8/4	5BG 8/4	5B 8/4	5PB 8/4	5P 8/4	5RP 8/4
wh 흰	5R 9/1	5YR 9/1	5Y 9/1	5GY 9/1	5G 9/1	5BG 9/1	5B 9/1	5PB 9/2	5P 9/1	5RP 9/1
ltgy 밝은회	5R 7/1	5YR 7/1	5Y 7/1	5GY 7/1	5G 7/1	5BG 7/1	5B 7/1	5PB 7/2	5P 7/1	5RP 7/1
gy 회	5R 5/1	5YR 5/1	5Y 5/1	5GY 5/1	5G 5/1	5BG 5/1	5B 5/1	5PB 5/1	5P 5/1	5RP 5/1
dkgy 어두운회	5R 3/1	5YR 3/1	5Y 3/1	5GY 3/1	5G 3/1	5BG 3/1	5B 3/1	5PB 3/1	5P 3/1	5RP 3/1
bk 검은	5R 2/2	5YR 2/2	5Y 2/2	5GY 2/2	5G 2/2	5BG 2/2	5B 2/2	5PB 2/2	5P 2/2	5RP 2/2

※색지를 적당한 크기(1cm×1cm)로 잘라 붙입니다.

Beauty Color 3

색체계

1) 먼셀의 색체계

색채연구자 먼셀(Albert H.Munsell 1858-1919)에 의하여 창안되었으며, 국제적으로 널리 사용되고 있고 우리나라에서도 한국공업규격(KS A0062)에 의해 규정한 색채교육용으로 채택된 표색계이다. 먼셀은 레드, 옐로우, 그린, 블루, 퍼플의 5가지 색을 기본으로 하여 10색상, 20색상을 만들고, 다시 10색상을 10등분하여 100색상을 만들었다.

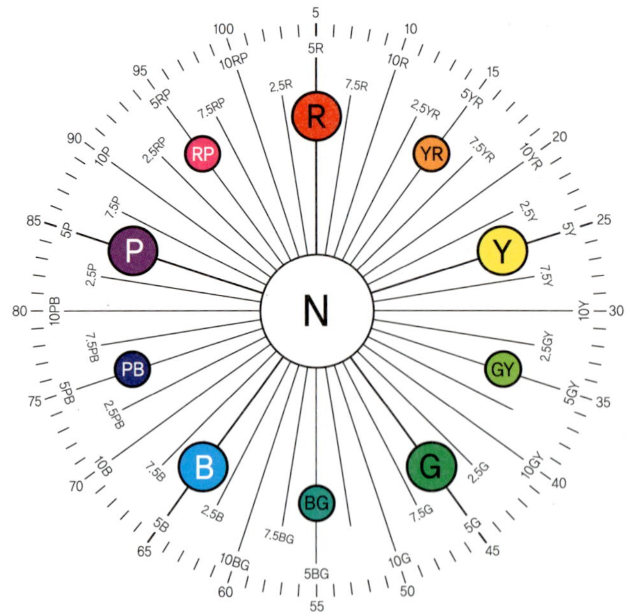

〈그림 4〉 먼셀 색상환

2) KS 표준색체계

(1) 색상

색상이란 색의 종류를 말한다. KS 색체계는 색을 등간격으로 빨강(R), 주황(O), 노랑(Y), 연두(YG), 초록(G), 청록(BG), 파랑(B), 남색(bV), 보라(P), 자주(rP)의 10가지 색상에 분홍(Pk)과 갈색(Br)이 더해져 12색을 기본색으로 한다.

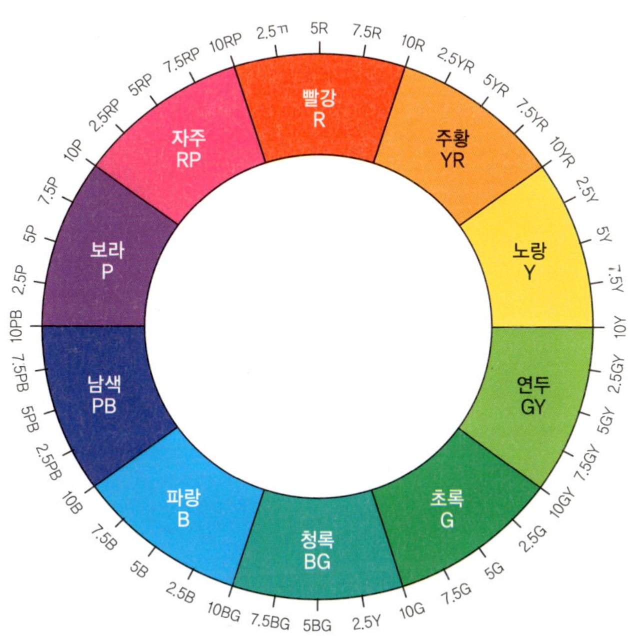

〈그림 5〉 KS 색상환

〈표 1〉 KS 표준색

구분	기본색이름	색견본	대응영어	약호
유채색 12개	빨강 7.5R 4/14		Red	R
	주황 2.5R 6/14		Orange	O
	노랑 5Y 8.5/14		Yellow	Y
	연두 7.5GY 7/10		Yellow Green	YG
	초록 2.5GY 7/10		Green	G
	청록 10BG 3/8		bluegreen	BG
	파랑 2.5PB 4/10		blue	B
	남색 7.5PB 2/6		bluish violet	bV
	보라 5p 3/10		bluish purple	bP
	자주 7.5RP 3/10		reddish purple	rP
	분홍 10RP 7/8		pink	Pk
	갈색 5YR 4/8		brown	Br
무채색 3개	하양 N9.5		white	Wt
	회색 N5		gray, grey	Gy
	검정 N0.5d		black	Bk

〈표 2〉 색의 수식 형용사 및 약호

수식 형용사	영어	약호
기본		◎
선명한	vivid	vv
진한	deep	dp
어두운	dark	dk
탁한	dull	dl
흐린	soft	sf
밝은	light	lt
연한	pale	pl
흰	whitish	wh
밝은 회	light greyish	ltgy
회	greyish	gy
어두운 회	dark greyish	dkgy
검은	blackish	bk

(2) 색조(Tone)

색은 색상, 명도, 채도로 구성되는데 명도와 채도를 동시에 고려한 것이 바로 톤(tone)이다. 색의 밝고 탁한 것은 색상과 관계없이 그 색의 특성과 개성을 나타낸다. 다시 말해 색은 어떤 색상인 동시에 색조(Color tone)을 가지고 있다.

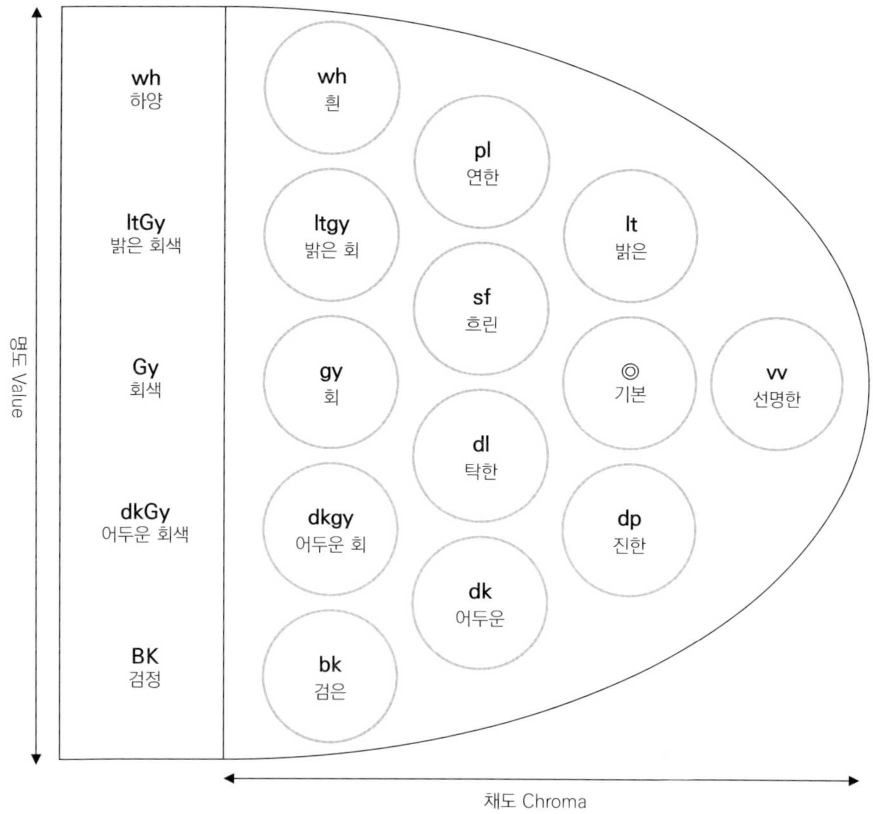

① 비비드 톤(vivid tone)

가장 강하고 선명한 색을 말한다. 채도가 가장 높아 화려하고 강한, 활동적인 이미지를 갖고 있다. 시각적으로 강렬한 이미지를 주는 톤은 자기주장을 강하게 나타내는 데 효과적이다.

② 라이트 톤(light tone)

밝은 색조인 라이트 톤은 비비드 톤에 흰색이 약간 혼합되어진 맑은 톤이다. 비비드 톤의 이미지와 비슷하여 선명하고 밝은, 건강한, 명랑한, 신선한 이미지를 갖고 있다. 라이트 톤은 밝게 빛나는 이미지가 있어 상쾌함과 희망을 주는 효과가 있다.

③ 화이트 톤(white tone)

흰 색조인 화이트시 톤은 유채색의 톤 중에서 가장 밝은 톤이다. 연하며 담백한, 부드러운, 우아한, 가벼운, 약한, 섬세한 이미지를 갖고 있다. 색 자체가 아주 연하기 때문에 보색이나 반대색을 사용해도 강한 느낌이 없어 고급스러운 배색 효과를 얻을 수 있다.

④ 딥 톤(deep tone)

진한 색조인 딥 톤은 비비드 톤에 약간의 검은색이 혼합되어진 맑은 색으로 자극이 강한 비비드 톤의 명도를 낮춤으로써 침착한 느낌을 준다. 맑은 색이므로 어둡지만 맑은 느낌을 주며, 색상도 가지고 있어 중후한 이미지를 갖는다. 전통적인, 중후한, 충실한 이미지를 갖고 있으며, 고급스럽고 원숙한 느낌을 잘 표현할 수 있다.

⑤ 페일 톤(pale tone)

밝고 엷은 색조로 부드럽고 화사해 보이는 파스텔 색조를 말한다. 밝고 온화하며 세련된, 로맨틱한, 가벼운 이미지를 갖고 있다. 산뜻하고 여성스러운 느낌으로 로맨틱하고 귀여운 느낌을 표현할 수 있다.

⑥ 소프트 톤(soft tone)

밝고 부드러운 색을 말한다. 밝은 색조인 소프트 톤은 비비드 톤에 흰색이 약간 혼합되어진 맑은 톤이다. 비비드 톤의 이미지와 비슷하여 선명하고 밝은 이미지를 갖고 있다.

⑦ 덜 톤(dull tone)

탁한 색조인 덜 톤은 비비드 톤에 회색이 혼합되어진 중간 밝기의 희미하고 부드러운 색이다. 탁색은 비비드 톤이 갖는 순수성을 둔하게 만들어 차분한, 온화한, 점잖은, 둔탁한, 내추럴한 이미지를 갖고 있다. 색상의 느낌이 강하지 않으므로 다양한 배색으로 중후하고 고상한 느낌을 준다.

⑧ 다크 톤(dark tone)

어둡고 무거운 색을 말한다. 검은색이 혼합된 것만큼 명도가 낮아지므로 어둡고 무거우며 수수한, 단단한, 남성적인, 점잖은 이미지를 갖는다. 화려함이 없고 소박한 느낌이 강하고, 고유 색상이 강하게 느껴지지 않으므로 여러 가지 색의 배색에도 효과적으로 활용할 수 있다.

⑨ 라이트 그레이쉬 톤(light grayish tone)

밝은 회색 빛깔의 색조를 말한다. 도시적인 이미지, 우아하고 세련된 이미지를 표현할 때 많이 활용된다. 빛바랜 듯 흐릿하고 차분한 분위기를 느낄 수 있다.

⑩ 그레이쉬 톤(grayish tone)

회색 빛깔의 색조를 말한다. 회색에 약간의 비비드 톤이 혼합되어 탁한 느낌을 준다. 명도가 낮고, 수수한, 소박한 이미지를 느낄 수 있다. 다소 칙칙해 보이기는 하나 도회적인 세련미를 연출할 수 있다.

⑪ 다크 그레이쉬 톤(dark grayish tone)

어두운 회색 빛깔의 색을 말한다. 블랙 기운이 많이 가미되어 있어 중후하고 무게감이 느껴지는 세련미를 느낄 수 있다.

Beauty Color 4

색의 혼합

두 개 이상의 색을 혼합하면 다른 색을 만들 수 있는데 이것을 혼색이라고 한다. 예를 들어 자동차와 전차의 색, 건축물과 가구, 가전제품의 색, 생활용품, 의복에서 화장에 이르기까지 혼색이 효과적으로 활용되고 있다. 특히 컬러TV, 컬러인쇄, 무대조명과 그림의 색 등에 혼색이 응용되고 있다.

1) 삼원색(三原色)

기준이 되는 세 가지 색으로 빛의 삼원색의 경우 레드, 그린, 블루를 말하고, 색의 삼원색은 레드, 옐로우, 블루를 말한다.

2) 색광의 혼색(가법혼색)

레드(R), 그린(G), 블루(B)의 삼원색을 스크린상에 중첩하여 투영하면 밝기가 더해져 원색보다 밝은 색이 된다. 이 혼색을 가법혼색이라고 한다. 레드(R), 그린(G)을 더하면 황색, 그린(G), 블루(B)를 더하면 물색, 블루(B), 레드(R)를 더하면 핑크가 되어 어느 것도 원색보다 밝게 된다. 그리고 삼원색을 합하면 화이트(W)가 된다.

예를 들면 컬러TV, 컴퓨터의 화면과 무대조명이 등이 있다. 컬러TV, 컴퓨터의 화면을 확대해서 보면 작은 색점과 가는 색선이 조합되어져 있는 것을 알 수 있다.

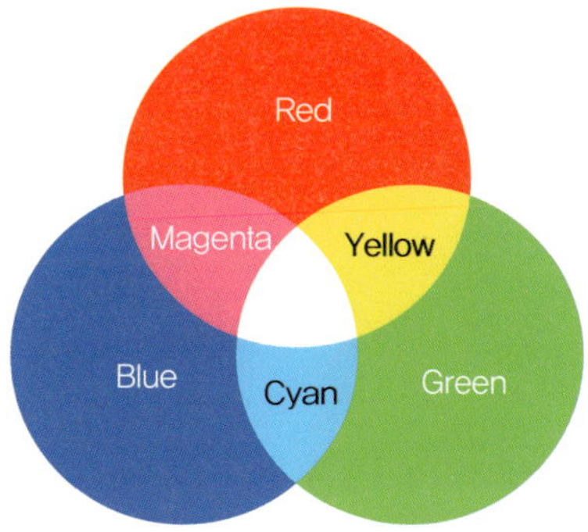

〈그림 6〉 색광의 혼색

3) 색료의 혼색(감법혼색)

색의 삼원색인 레드(R), 옐로우(Y), 블루(B)를 섞으면 각각의 조합이 원색보다 어둡게 된다. 이 혼합을 감법혼색이라고 말한다. 삼원색을 합하면 거의 검정에 가깝다. 염료와 안료의 혼색은 감법 혼색이다. 그림물감에서 다른 색을 섞으면 중간색이 되지만 채도는 낮아진다. 또 반대색의 혼합은 어둡고 탁한 색이 된다. 이 감법혼색의 원리는 컬러 인쇄 등에 응용되고 있다.

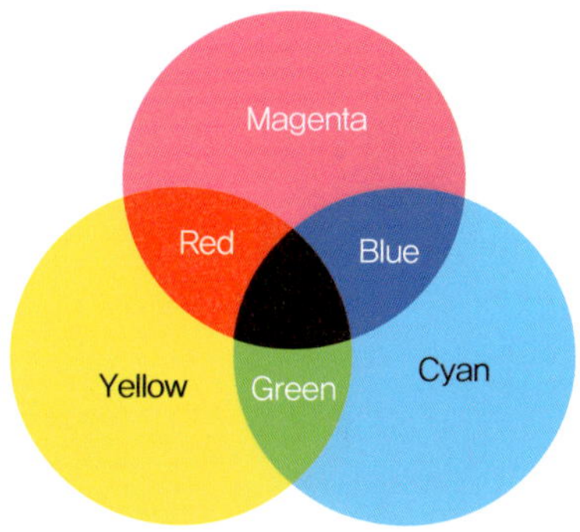

〈그림 7〉 색료의 혼색

4) 중간혼합

중간혼색에는 회전혼색과 병치혼색의 두 가지가 있다. 둘 다 가법혼색의 일종으로 밝기가 보통으로 중간혼색이라고 말한다.

가) **병치혼합** : 분간할 수 없을 정도의 많은 색점으로 이루어진 점묘화법과 모자이크벽화 등 멀리서 볼 경우 혼색되어 다른 색으로 보이는 것을 병치혼색이라고 한다. 명도는 중명도이고 보색끼리의 혼색은 회색으로 보여진다. 점묘화, 옷감의 격자무늬가 대표적인 예이다.

〈그림 8〉 점묘법
2011 cryolan calender

나) **회전혼합** : 회전하는 눈 가운데 망막에서 혼색되어 별개의 색으로 보인다. 이것을 계시 혼색이라고도 한다. 맥스웰(J.C.Maxwell)이 이론화시킨 것으로 이것을 맥스웰 회전혼색이라고 한다.

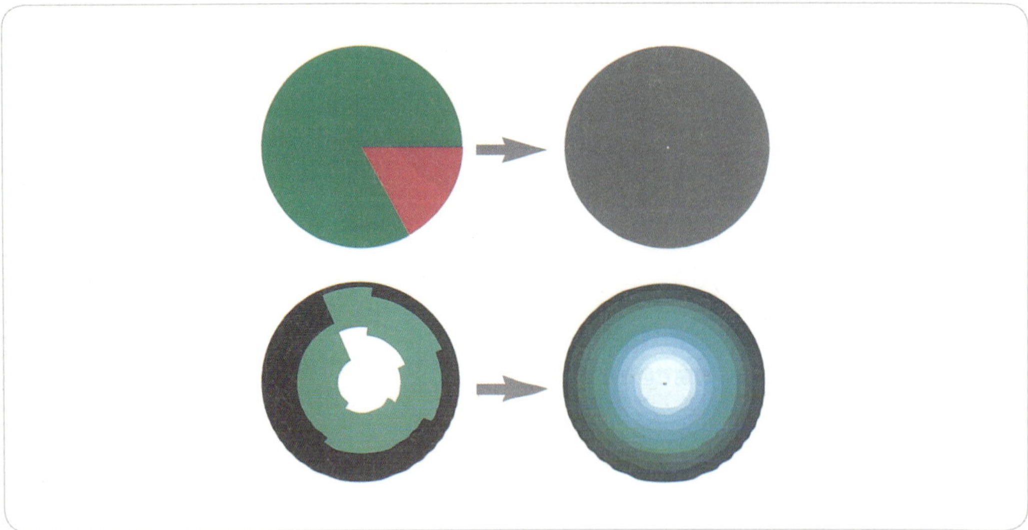

〈그림 9〉 회전혼합

Beauty Color

5 색의 심리

1) 색의 대비효과

색에는 여러 가지 성질 또는 감각의 변화에 따라 다양한 시각적 변화가 있으며 하나의 색이 주위의 색이나 먼저 본색의 영향으로 혹은 배경이나 인접색의 영향 때문에 색상, 명도, 채도 등이 다르게 보이는 현상을 색의 대비라고 한다.

색의 대비현상은 2가지 색이 서로 영향을 미쳐 그 서로 다름이 강조되어 보이는 현상을 말한다. 2개의 색을 동시에 볼 때 일어나는 동시대비와 시간적으로 전후해서 보는 경우에 생기는 계시대비가 있다. 우리들이 일상적으로 보고 있는 색은 거의가 동시대비와 계시대비에 의하여 영향을 받고 있다고 하겠다. 이러한 대비현상에서 색의 3속성 중 어느 속성에서 그 현상이 현저한가에 따라서 명도대비, 채도대비, 색상대비로 분류하지만 이들 대비현상은 동시에 일어나는 경우가 대부분이다.

(1) 동시대비

동시대비는 두색 이상을 동시에 볼 때에 일어나는 대비현상으로, 이는 시점을 한 곳에 집중시키려는 색채 지각과정에서 일어나는 현상이다. 즉 동시대비는 주어진 색에 대하여 그 보색을 망막에 요구하게 된다. 동시대비로 나타나는 색은 객관적으로 존재하는 것이 아니라 인간이 보는 눈 속에서만 생기므로 감정의 변화를 유발시킨다. 그러므로 주어진 색채를 지속적으로 응시하면 눈이 피로하여 강한 느낌을 잃어버리나 동시대비에 의한 색은 보다 강하게 지각하게 된다. 동시대비에는 색상대비, 명도대비, 채도대비, 보색대비, 한난대비, 면적대비, 연변대비가 있다.

가. 색상대비

색상이 다른 두 색을 동시에 이웃하여 놓았을 때 두 색이 서로의 영향으로 색상 차가 나는 현상을 말한다. 1차색끼리 잘 일어나며, 2차색과 3차색이 될 수록 그 대비 효과는 적게 나타난다. 예를 들어 주황색 배경의 노란색은 연두색 배경에 놓았을 때보다 더욱 노란색 기미를 띠게 되며, 연두색 배경 위에 놓인 노란색은 좀 더 붉은 기를 띠게 된다.

색상이 다른 색끼리 배색되는 경우, 색상의 차이가 보다 강조되어 보이는 효과를 말하는 것이다. 이를테면 같은 오렌지색 주황색의 경우 빨간 바탕위의 주황색은 노란색의 느낌이, 노란색 바탕위의 주황색은 빨간색의 느낌이 나게 보이는 현상을 말한다.

나. 명도대비

명도가 다른 두 색을 이웃하거나 배색하였을 때, 밝은 색은 더욱 밝게, 어두운 색은 더욱 어둡게 보이는 현상을 말한다. 검은색 바탕 위에 놓인 중간 명도의 회색은 흰색 바탕 위에 놓였을 때보다 더 밝아 보이고, 반대로 흰색 바탕위에 놓인 중간명도의 회색은 더 어둡게 보인다.

어떤색을 밝게 보이게 하기 위해서 흑색 배경위에 놓으면 흰 배경위에 놓여진 색보다 밝게 느껴질 것이다. 이같이 명도의 차를 특히 강조하여 보이는 대비를 명도대비라고 부른다.

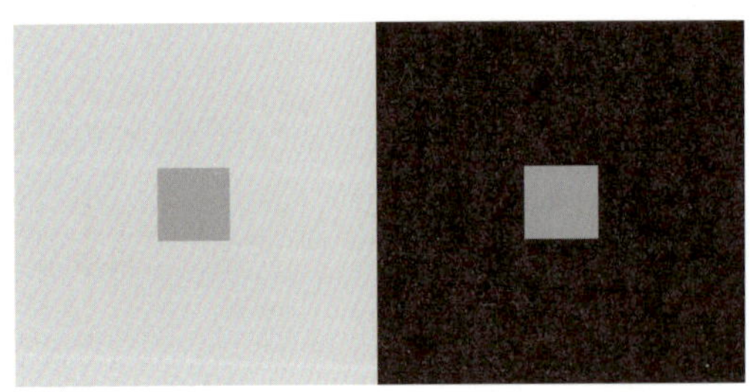

다. 채도대비

어느 중간색이 그 색과 같은 색상의 밝은색 위에 위치하면 원래의 색보다 훨씬 탁한 색으로 보인다. 그런데 무채색 위에 위치하며 원래의 색보다 훨씬 맑은 색으로 보인다. 이와 같이 채도 차를 강조하여 본 효과를 채도대비라고 부른다. 채도가 다른 두 색을 인접시켰을 때 서로의 영향을 받아 채도가 높은 색은 더욱 높아 보이고 채도가 낮은 색은 더욱 낮아 보이는 현상을 말하는 것으로, 예를 들어 채도가 높은 색의 중앙에 둔 채도가 낮은 색은 한층 채도가 낮은 것으로 보이고 채도가 낮은 색의 중앙에 둔 높은 채도의 색은 채도가 높아져 보이며, 무채색 위에 둔 유채색은 훨씬 맑은 색으로 채도가 높아져 보이는 현상을 말한다.

라. 보색대비

어느 색이 그 색의 정반대되는 보색끼리 배색되었을 때는 각자의 색은 원래의 색보다 색상이 더욱 뚜렷하여지며 채도가 높아져 보인다. 이것을 각색의 보색 잔상이 상대편의 색과 일치하기 때문이며, 이러한 현상을 보색대비라고 부른다. 색상 대비 중에서 서로 보색이 되는 색들끼리 나타나는 대비 효과로 보색끼리 이웃하여 놓았을 때 색상이 더 뚜렷해지면서 선명하게 보이는 것을 말한다.

마. 연변대비

나란히 단계적으로 균일하게 채색되어 있는 색의 경계부분에서 일어나는 대비현상으로, 인접색이 저명도인 경계부분은 더 밝아보이고, 고명도인 경계부분은 더 어두워 보인다. 이러한 현상은 유채색의 배열에서도 나타난다.

바. 면적대비

동일한 색이라 하더라도 면적에 따라서 채도와 명도가 달라 보이는 현상을 말한다. 면적이 커지면 명도와 채도가 증가하고 반대로 작아지면 명도와 채도가 낮아지는 현상이다. 반사율과 흡수율에 따라서 차이가 있을 수 있다.

(2) 계시대비

계시대비는 계속대비 또는 연속대비라고도 불리우는데 어떤 하나의 색을 보고난 뒤에 시간적인 차이를 두고 다른 색을 차례로 볼 때 일어나는 색채대비이다. 이경우 먼저 본 색의 영향으로 나중 본 색이 시간적인 간격에 따라서 다르게 보이는 현상으로서 잔상현상과 구별하기 어려우며, 잔상과 밀접한 관계가 있다. 동화와 잔상 현상이 이에 속한다.

가. 잔상

잔상 현상에는 정의 잔상과 부의 잔상 현상이 있다. 정의 잔상은 양성적 잔상이라고도 하며, 자극이 사라진 뒤에도 망막의 흥분상태가 계속적으로 남아 있어 본래의 자극광과 동일한 밝기와 색을 그대로 느끼는 현상을 말한다. 대부분 강한 자극에 의해서 생겨나며, 부의 잔상보다 오랫동안 지속되는 경향이 있다. 도로 표지판이나, 네온사인, 영화, TV, 애니메이션 등에서 주로 볼 수 있다. 만약 어두운 밤에 전등을 돌린다면 정의 잔상이 나타나게 되며, 멀리서 보는 사람은 붉은 원을 볼 수 있게 된다.

부의 잔상은 보색잔상이라고도 하며 망막에 주어진 색의 밝기와 색조가 원래의 색과 반대되는 보색의 관계로 보이는 잔상이다. 음성적 잔상이라고도 하며, 일반적으로 가장 많이 느끼는 잔상으로 자극이 사라진 뒤에 광자극의 색상, 명도, 채도가 정반대로 느껴지는 현상을 말한다.

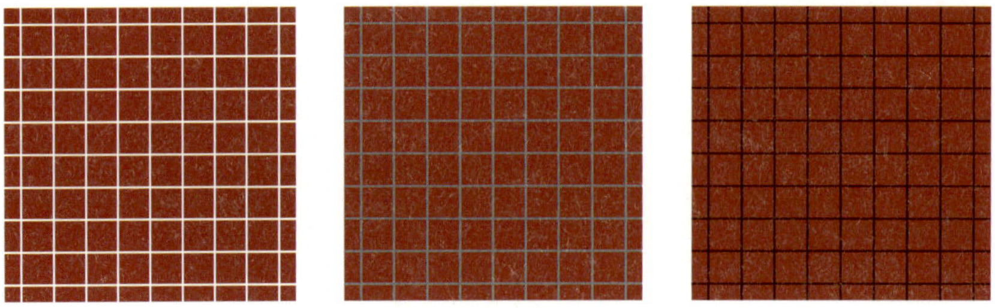

나. 동화현상

동화란 어떤 색이 다른 색에 둘러 싸여 일정한 거리 이상에서 주변색과 같이 보이는 현상 또는 위에 그려진 그림색의 영향으로 배경색이 다르게 보이는 현상을 말한다. 회색 바탕위에 검은색 줄무늬를 그리면 바탕의 회색은 더욱 검게 보인다. 흰색의 줄무늬를 그리면 더욱 희게 보인다. 이것은 명도대비와는 다른 효과로 동화현상, 즉 어떤색이 인접하는 색과 동색화 하는 현상을 말한다. 이러한 현상은 줄무늬와 같이 그려진 색의 면적이 작거나 선이 가늘수록 나타나기 쉬우며, 배경과 그림색의 명도와 색상이 비슷할수록 그 효과는 현저하게 나타난다.

또한 동화 현상은 점이나 선의 크기, 동시에 보는 거리와 밀접한 관계가 있다. 가까이서 보면 개개의 점이나 선은 식별이 가능하지만, 일정한 거리를 두고 보게 되면 배경과 그림(점과 선)이 혼합되어 동화 현상이 일어난다. 이와 같이 동화 현상은 명도, 색상, 채도 각각에 있어서 나타나는 현상으로 대비 효과와 마찬가지로 회화, 프린트 디자인이나 벽지 등의 평면 디자인의 배경과 도안의 관계에 있어서 고려하지 않으면 안 되는 현상이다.

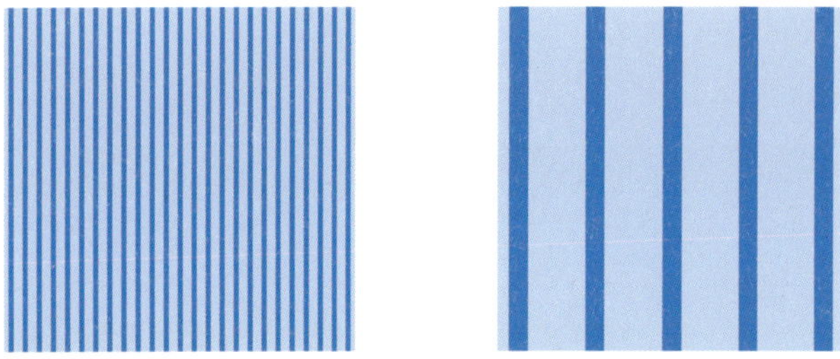

2) 색의 시인성과 주목성

(1) 색의 시인성

두색을 대비시켰을 때 멀리서 잘 보이는 정도를 말하며, 옥외의 표지나 광고물 등을 멀리서 바라봤을 때 잘 보이는 색과 그렇지 않은 색이 있는데 잘 보이는 배색은 시인성이 높다고 하며, 잘 보이지 않는 배색은 시인성이 낮다고 표현한다.

시인성을 높이는 데는 색상, 명도, 채도의 차이를 크게 만들면 된다. 시인성은 배경과의 대비가 중심을 이루는 색채효과로 배경색과의 관계를 먼저 생각해야 한다. 예를 들어 노랑과 검정의 배색은 명시도가 높아 교통표지판에 많이 쓰이며 칠판에 백묵을 사용하는 경우도 이에 해당한다.

※ 위 그림중 시인성이 높은 배색에 대하여 설명해보시오.

※ A가 B보다는 시인성이 높도록 배색하시오.

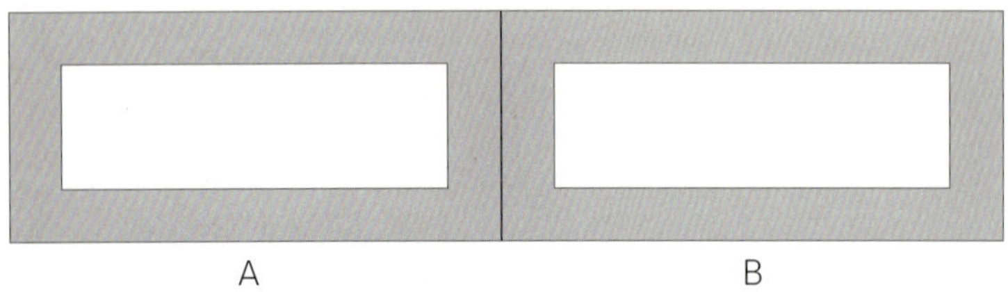

※ 배경색을 고려하여 A는 시인성이 높은 색을 B는 시인성이 낮은 색을 붙이시오.

(2) 색의 주목성

색이 우리의 눈길을 끄는 정도를 말하는 것으로, 주목성은 색 자체가 자극이 강하여 눈에 잘 띄는 정도를 말하는 것으로 색의 심리작용을 갖는 난색, 고명도, 고채도 원색 빨강, 주황, 노랑색 등이 주목성이 높으며, 익숙한 색은 주목성이 감소한다.

주목성이 높아지도록 네모 칸 안에 색종이를 붙이세요.

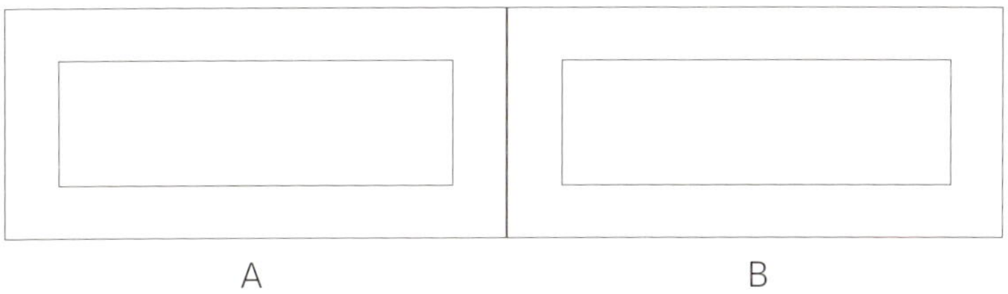

※ 배경이 흰색일 때, A가 B보다는 주목성이 높게 배색하시오.

※ 배경이 검정일 때, A가 B보다는 주목성이 높게 배색하시오.

3) 색의 진출과 후퇴 (팽창과 수축)

앞으로 튀어나올 듯한 느낌을 주는 색을 진출색이라 부르고, 뒤로 물러나는 듯한 느낌을 주는 색은 후퇴색이라고 부른다. 일반적으로 따뜻한 색이 차가운 색보다, 밝은 색이 어두운 색보다, 채도가 높은 색이 채도가 낮은 색보다 진출하는 느낌을 준다. 그러므로 빨강 · 노랑이 진출한 것처럼, 파랑 · 녹색이 후퇴한 것처럼 느껴진다. 밝은 색과 어두운 색에서는 밝은 쪽이 가까이 있는 것처럼 느껴지며 명도가 같으면 장파장(長波長)의 색이 진출해 보이고, 단파장(短波長)의 색은 후퇴해 보인다.

4) 색의 온도감

색의 온도감은 파장이 긴 쪽이 따뜻하게 느껴지고, 파장이 짧은 쪽이 차갑게 느껴지는 것이 보통이다. 빨강, 주황, 노랑과 같은 색은 따뜻한 것으로 느끼고, 파랑, 남색, 청록 등은 차가운 것으로 느껴진다. 그런데 초록과 보라 등은 때로는 차갑게도 때로는 따뜻하게도 느껴지는 것이 보통이다. 또한 이들은 별다른 온도감을 느끼지 않게 될 수도 있는데, 이처럼 중간 온도의 느낌을 주는 색을 중성색이라고 부른다.

(1) 한색

파랑과 청록색 계통으로 차가운 느낌과 서늘한 느낌을 주는 색이며 따뜻한 색에 대응해서 차가운 색을 뜻한다.

색상환에서 청록, 파랑 근처에 존재하는 색들로 자극적이지 않으며 차분하다. 긴장 완화, 사색적 경험을 가능하게 하고, 사물의 실제 온도를 그보다 낮게 느끼게 한다. 한색은 자칫 시원함이 지나쳐 우울증과 같은 부정적 영향을 초래하기도 한다.

Image Map

※ 한색으로 이미지 맵을 구성하시오.

(2) 난색

일반적으로 '따뜻함'을 연상하게 하여 편안, 포근, 유쾌, 만족감을 느끼게 하는 색채이다. 색상환 중 빨강, 주황, 노랑이 따뜻한 느낌을 주는 장파장의 색이다. 난색이 적용된 실내 환경은 한색을 사용한 공간보다 따뜻한 느낌이 난다.

Image Map

※ 난색으로 이미지 맵을 구성하시오.

Beauty Color 6

색상배색

1) 색상 · 색조에 의한 배색

(1) 동일색상에 의한 배색

동일한 색상들 간의 조화를 말하는 것으로 같은색 조합에 톤(tone)차를 두어 배색하는 방법이다. 색상이 가진 단색 이미지를 효과적으로 표현하기 쉽고, 통일감 있는 세련된 효과를 줄 수 있다. 동일색상의 배색은 부드러우며 은은한 느낌을 연출할 때 사용하는데 차분함, 시원함, 솔직함, 정적임, 간결함의 느낌이 든다.

가. 동일색상 · 유사색조 배색

색상은 같고, 명도와 채도의 차가 작은 톤을 선택하여 배색한다.

Image Map

※ 동일색상 · 유사색조 배색에 해당되는 사진을 찾아 붙여주세요.

나. 동일색상 · 대조색조 배색

색상은 같고, 명도와 채도의 차가 큰 색상배색으로 강한 느낌을 준다.

다른 색이 전혀 섞이지 않고, 동일한 색상으로 배색하여 조화감, 통일감이 있는 배색이다. 여기에 명도와 채도의 변화를 크게 두는 대조색조 배색을 하면 세련되고, 강하고, 변화감있는 좋은 배색을 할 수 있다.

Image Map

※ 동일색상 · 대조색조 배색에 해당되는 사진을 찾아 붙여주세요.

(2) 유사색상에 의한 배색

색상환에서 인접해 있는 색상과 색조끼리의 배색으로, 톤의 차이가 크지 않은 색들의 배색을 말하며 편안함과 친근감을 주는 배색법이다.

가. 유사색상 · 유사색조 배색

서로 인접해 있는 색상과 색조끼리의 배색으로 편안함과 친근감을 주는 배색이다.

Image Map

※ 유사색상 · 유사색조 배색에 해당되는 사진을 찾아 붙여주세요.

나. 유사색상 · 대조색조 배색

서로 인접해 있는 색상과 멀리 떨어져 있어 톤 차이가 큰 대조색조의 배색으로 온화하고 안정된 느낌을 준다.

Image Map

※ 유사색상 · 대조색조 배색에 해당되는 사진을 찾아 붙여주세요.

(3) 반대색상에 의한 배색

가. 반대색상 · 동일색조 배색

색상환에서 멀리 있는 색상으로 색상차이가 크지만 색조가 동일하여 색상차로 인한 강한 대비효과를 완충시킬 수 있는 배색이다.

Image Map

※ 반대색상 · 동일색조 배색에 해당되는 사진을 찾아 붙여주세요.

나. 반대색상 · 유사색조 배색
색상 차이는 크지만 색조의 차이가 작아 안정적인 느낌을 준다.

Image Map

※ 반대색상 · 유사색조 배색에 해당되는 사진을 찾아 붙여주세요.

다. 반대색상 · 대조색조 배색

색상과 색조 차이가 커서 강한 대비를 이루는 배색법이다. 화려하고 개성적이며 대담한 이미지를 전달하여, 예리함, 동적임, 화려함, 자극적이다.

Image Map

※ 반대색상 · 대조색조 배색에 해당되는 사진을 찾아 붙여주세요.

2) 배색의 기법

(1) 도미넌트(dominant) 배색

도미넌트란 dominant로 '지배적이다', '우세하다' 등의 의미로 색이 갖는 속성 중 공통된 요소를 갖춤으로써 전체적으로 통일감을 주는 배색이다. 특히 배색에 있어서 통일감이나 융합된 느낌을 표현하는 데에 중요한 기본 원리이다. 전체의 지배색을 색의 속성 중 색상으로 하는가, 톤으로 생각하는가에 따라 전체의 배색 효과도 다르게 나타나며, 이미지의 공통성을 부여하는 방법이다.

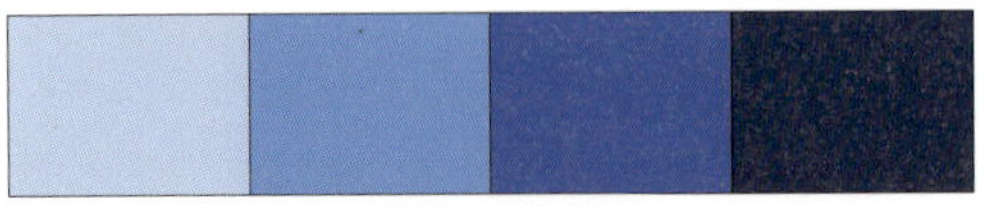

색상도미넌트

톤 도미넌트

Image Map

※ 색상도미넌트 또는 톤도미넌트 배색에 해당되는 사진을 찾아 붙여주세요.

(2) 그라데이션(Gradation) 배색

명도나 색상, 혹은 채도의 변화에 따라 색채나 색조가 점차 옮겨지는 것으로, 시작 부분을 밝게 하고 끝 부분을 어둡게 하므로 점진적으로 명도가 변화해 가는 것이다. 디자인 원리로서의 그러데이션은 형태나 색채의 점진적인 변화를 사용하여 디자인 요소들을 결합하는 방법이다.

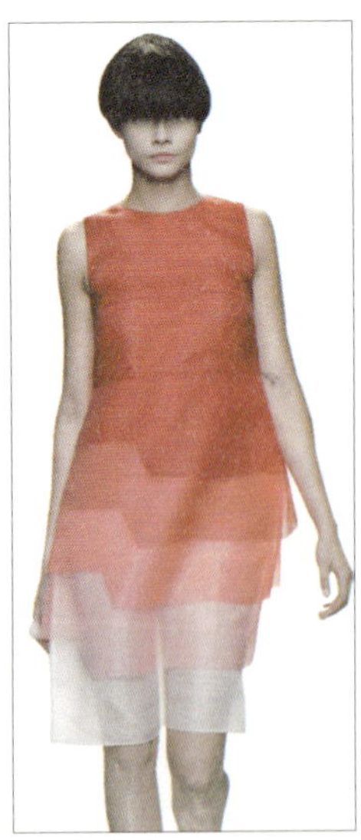

Image Map

※ 그라데이션 배색에 해당되는 사진을 찾아 붙여주세요.

(3) 세퍼레이션(seperation) 배색

'분리시키다 · 갈라놓다'의 의미로 배색에서 접하게 되는 두 색 사이에 다른 한 색을 첨가하여 두 색상이 분리되어 보이게 하는 효과를 주는 방법으로, 색관계를 변화시킴으로써 배색 효과를 분명하게 하는 배색 방법을 말한다. 배색의 관계가 모호하거나 대비가 너무 강한 경우 색과 색 사이에 분리색을 삽입해서 조화를 이루게 한다.

Image Map

※ 세퍼레이션 배색에 해당되는 사진을 찾아 붙여주세요.

(4) 악센트(Accent) 배색

'강조하다 · 눈에 띄게 하다'의 의미로 배색 일부에 주조색상과 반대 또는 대조가 되는 색상을 이용하여 강조하는 배색방법이다. 심플한 디자인이나 단조로운 색상배합에서 작은 면적을 사용하여 효과적으로 표현할 수 있고, 다색의 배색에서 관계가 애매모호하거나 대비가 지나치게 강할 경우 근접한 색과 색사이에 분리색을 삽입하여 조화를 이루는 것을 말한다. 이때 전체 면적의 10%이하여 면적을 사용하는 것이 좋다.

Image Map

※ 악센트 배색에 해당되는 사진을 찾아 붙여주세요.

(5) 레피테이션(Repetation) 배색

두색 이상을 사용하여 일정한 질서로 통일감 있도록 융화감을 나타내어 조화로운 연출을 하기 위한 배색기법이다.

Image Map

※ 레피테이션 배색에 해당되는 사진을 찾아 붙여주세요.

(6) 톤온톤 (Tone on Tone) 배색

톤 온 톤이란 '톤을 겹친다'라는 의미로, 동일 색상 내에서 톤의 차이를 두어 배색하는 방법을 말한다. 보통, 동일 색상의 농담 배색이라고 불리는 배색으로, '밝은 베이지+어두운 브라운', '밝은 스카이블루+ 짙은 감색' 등이 그 전형적인 예이다. 여러 색의 배색에 의한 톤온톤 배색은 결국 명도 그러데이션 배색이 된다.

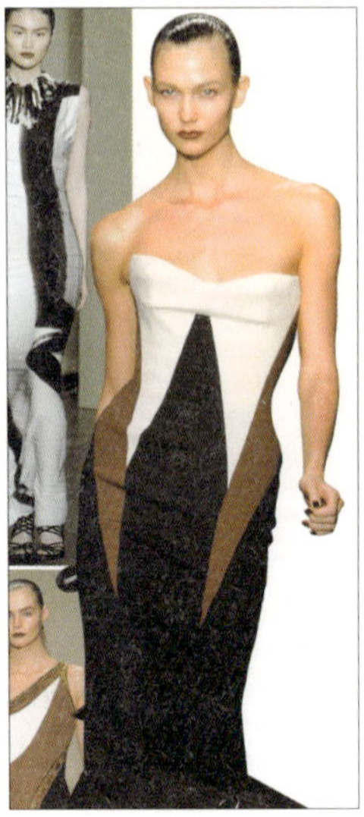

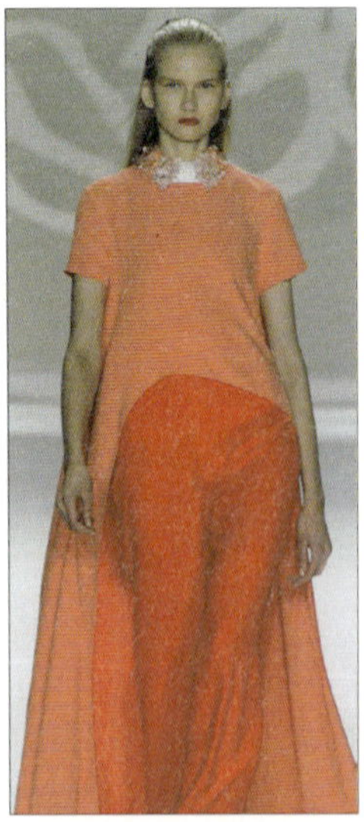

Image Map

※ 톤온톤 배색에 해당되는 사진을 찾아 붙여주세요.

(7) 톤인톤 배색 (Tone in Tone) 배색

동일 색상이나 인접 또는 유사 색상 내에서 톤의 차가 거의 없이 톤의 조합에 따라 배색하는 방법을 말하며, 톤의 변화에 따라 색상 분위기를 표현할 수 있으며 같은 톤이나 유사톤이 기준이 되기 때문에 색상이 달라도 안정된 느낌을 준다.

Image Map

※ 톤인톤 배색에 해당되는 사진을 찾아 붙여주세요.

Beauty Color 7

색의 이미지

우리가 주위에서 보는 모든 물체는 색을 가지고 있다. 색에는 고유의 이름이 있다. 식물의 이름이나 염료의 이름에서 비롯된 것을 관용 색명이라 하며, 친숙하고 사용하기는 좋으나 추상적이고 연구에는 적합하지 않다. 그래서 일반적으로 색상을 10가지 종류로 세분하고 각 기준을 더욱 세밀하게 척도화시킨 일반 색명을 사용하고 있다.

빨강(Res), 주황(Orange), 연두(Green Yellow), 녹색(Green), 청록(Blue Green), 파랑(Blue), 남색(Blue Violet), 보라(Purple), 자주(Red Purple)의 기본 색명은 고유색에서 힌트를 얻어 붙여진 것이 많아서 이렇게 이름 붙여진 색에는 개성이 있고, 정보가 있고, 이미지가 있다.

1) 색의 상징

색의 상징은 심리적 요소가 오랜 세월 역사적, 습관적, 종교적 요소와 미신 등에 의해 확립된 것이다. 신분표지, 방위, 지역, 국기, 기업의 마크, 주의 표지 등이 그것이다. 색채에 대한 심리적 연상이나 느낌은 개인적인 경험, 기억, 사상, 의견, 개인이 소속된 사회의 문화적 배경이나 자연환경이 색으로부터 직접적인 영향을 받아서 형성된다.

우리가 빨강색을 보았을 때 불, 피 뿐만 아니라 눈에 보이지 않는 정열, 사랑 등을 떠올리게 되는데 이는 색이 가진 연상이나 상징성 때문이다. 이처럼 색에서 느껴져 기억되는 것이 색의 연상, 상징이라고 한다. 배색시에는 테마와 목적, 용도에 따라 반드시 고려하여 활용하여야 한다.

색명	색상	구체적연상	추상적 연상
빨강		불, 피, 태양, 사과, 소방차, 우체통, 심장, 장미	정열, 혁명, 사랑, 활력, 애정, 흥분, 광기, 걱정, 절교
주황		오렌지, 감, 당근, 석양	활력, 따뜻함, 충부, 가을, 식욕
노랑		바나나, 개나리, 병아리,	웃음, 팽창, 명랑, 질투
연두		새싹, 완두콩, 잔디	안정, 신선, 초여름
초록		수박, 초원, 숲, 오이, 시금치	상쾌, 희망, 안정
청록		깊은바다, 수풀, 에메랄드, 심해	질투, 이성, 냉정
파랑		바다, 하늘, 물	이상, 진리, 차가운, 젊음
남색		가지, 도라지, 꽃	공포, 고독, 숭고
보라		제비꽃, 포도, 라일락,	고귀, 신비, 우아, 고독, 우울
자주		자두, 모란꽃	우아, 화려, 몽상
흰색		구름, 눈, 설탕, 병원	순결, 신성, 정직, 순수
회색		연기, 재, 먹구름, 시멘트	절망, 침울, 무기력
검정		연탄, 숯, 김, 타이어	죽음, 밤, 절망, 정지

(1) 빨강 (Red)

빨강은 불꽃과 피를 연상시키고 육체적인 힘과 흥분을 상징하는 색으로 색상환의 색 가운데 심장 박동 수나 맥박수를 증가시키는 등 생리적으로 활발한 반응을 불러일으키는 색이다. 강렬한 에너지와 강함을 갖는 색으로 보는 사람을 정열적이고 로맨틱한 기분으로 고양된 느낌을 갖게 하는 따뜻한 색이다.

빨강은 강렬한 감정을 불러일으키며 사랑과 분노를 연상시키며, 또한 축제와 축하의 색이기도 하다. 그런가 하면 위험을 가리키거나 위험에 처했을 때의 담대함을 의미하기도 하다. 자연에서 빨강은 잘 익은 딸기나 토마토, 루비, 석류석, 양귀비, 포인세티아꽃 등의 색으로 풍요로움을 상징한다.

자극이 강열하여 심리적으로 정열, 흥분, 적극성, 광기(狂氣)를 표현하는데 쓰이며, 태양, 불, 피, 혁명을 상징한다. 심리적으로는 부정적인 사고를 극복할 수 있도록 하며, 활기와 야망을 갖게 한다. 또한 감각 신경을 자극하여 후각, 시각, 청각, 미각, 촉각에 도움을 준다. 이는 혈액 순환을 활성화시키고, 뇌척수를 자극하여 교감 신경계를 활성화시킨다.

Image Map

※ 다양한 색조의 빨강색 이미지 사진을 찾아 붙여주세요.

(2) 주황 (Orange)

주황의 이미지는 신선함과 역동감을 표현하며 브라운과 잘 조화시키면 가을의 컬러배색이 된다. 주황색은 빨강색 같은 따뜻한 색으로 심장박동수와 맥박수를 증가시키는 색으로 색조가 밝아질수록 사람들의 시선을 더 끌어들인다.

주황은 원기, 적극, 희열, 만족, 건강, 따뜻함, 풍부함, 관대함의 이미지를 지닌 색으로 사람들에게 활기와 건강함을 주며, 유아들이 매우 좋아하는 색이기도 하다. 주황의 순색은 적당히 잘 사용하면 발랄하고 활기 넘치는 이미지를 연출 할 수 있지만 너무 많이 사용하면 경박하거나 너무 값싸게 보일 수 있어 많이 선호되지는 않는다. 그러나 복숭아 또는 살색 등의 부드러운 색은 상당히 선호되며, 이들은 식욕을 증진시키는 색으로 식품의 포장용지에 흔히 사용되기도 한다.

주황은 색조가 약해지면서 밝아지면 온화한 느낌을 주는 베이지 계열이 되고, 어두워지면 대지를 연상하는 갈색 계열이 되어, 따뜻하고 풍부한 자연의 이미지를 느끼게 해준다.

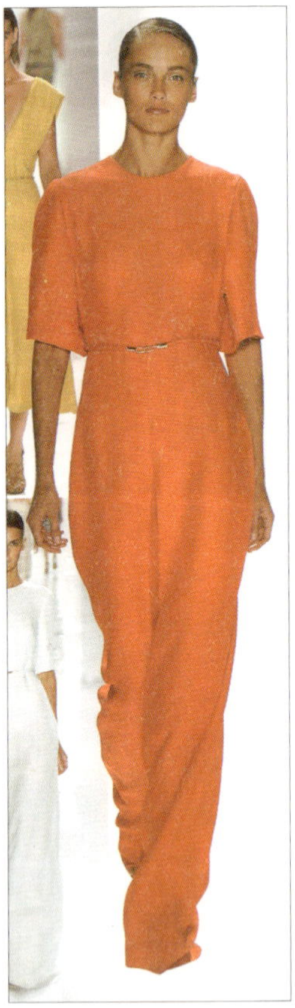

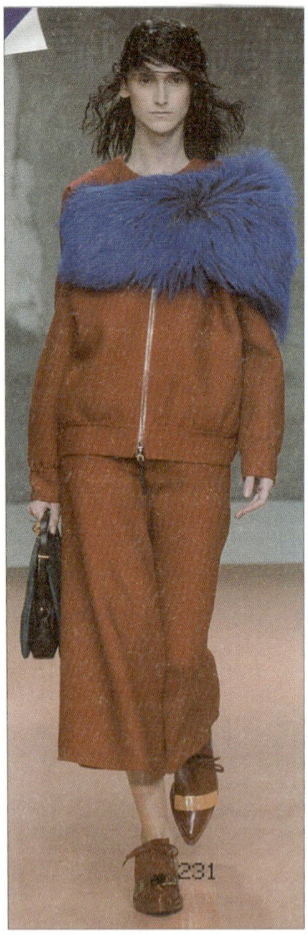

Image Map

※ 다양한 색조의 주황색 이미지 사진을 찾아 붙여주세요.

(3) 노랑 (Yellow)

노랑은 태양광선의 상징적인 색이다. 빛과 따뜻함, 겸손함 이란 이미지를 갖고 있으며, 즐겁고 친숙하기 쉬운 이미지로 젊음 등의 이미지를 연상하게 하는 생기 넘치는 색이다. 또한 노랑은 특유의 활동성과 쾌활함으로 인해 어린아이들이 가장 좋아하는 색 중의 하나로 아이들에 관한 이미지를 연상할 때 대표적으로 활용하는 색이기도 하다.

노란색은 원색 중에서도 빛을 가장 많이 반사하는 색으로 그 밝음은 사람들을 긴장하고 집중하게 만든다. 또 가장 눈에 잘 띄는 명도가 높은 색으로 사물을 실제보다 크고 가까이 보이게 하는 효과가 있는 색으로, 경고메세지나 스쿨버스처럼 확실하게 눈길을 끌어 주의를 요하는 곳에 많이 사용된다.

자연속에서 노란색은 태양과 레몬, 옥수수, 황금, 은행잎 등이며, 노란색은 기분 좋고 상쾌한 색으로 여겨진다. 밝고 낙천적이고 활기에 넘친다. 하지만 차분하지 못한 색으로 느껴지기 때문에 너무 많이 면적에 사용하면 싫증이 쉽게 날 수 있다. 가볍고 무절제하다는 이미지가 느껴지기도 한다.

Image Map

※ 다양한 색조의 노랑색 이미지 사진을 찾아 붙여주세요.

(4) 초록 (Green)

초록색은 건강을 상징하며 가장 휴식을 주는 색으로 자연, 비옥함, 생명, 희망, 위안 등의 상징적 의미를 지닌다. 마음을 평온하게 해 주고 신경 및 근육의 긴장을 완화시키며 심리적으로 거의 자극을 주지 않으므로 주의 집중을 필요로 하는 곳에 이상적인 환경을 제공해 준다.

그린은 안정감, 밸런스, 자연, 정숙이라는 이미지를 갖고 있다. 또 얼굴에 가까이 하면 긴장감과 드라마틱한 분위기가 생겨난다. 신선하고 자연적인 이미지를 강조하고 평온한 휴식감과 안정감을 주는 컬러코디네이션을 원할 때 사용되는 컬러로 사람의 눈이 인식하기 가장 쉬운 색이다.

연한 카키색이나 진한 카키색처럼 깊고 좀더 자연스러운 색상에는 인내력과 신뢰성과 같은 이미지가 있고, 상품에 쓰면 환경 친화적인 물건이란 이미지도 있다. 엷은 이끼색, 청자색, 녹청색은 안정된 분위기를 연출하며, 에메랄드나 공작석 등의 보석 색은 화려한 색으로 인식된다. 청록색 같은 블루 그린은 대담한 색으로 보이고, 약간 흰색을 띠면 평화를 상징하는 색이 된다. 노란색이 가미된 연두색은 신선함, 자연, 새싹, 희망 등의 상징적 의미와 더불어 밝고 상냥하며 상쾌한 인상을 주는 색이 된다.

Image Map

※ 다양한 색조의 초록색 이미지 사진을 찾아 붙여주세요.

(5) 파랑 (Blue)

블루는 하늘과 물의 상징이며, 상쾌하고 차분하며 온화한 색으로 라이트 블루는 기분을 밝게 하는 효과를 갖고 있어 많은 사람들이 좋아한다. 파랑은 차가운 색으로 수축, 축소, 후퇴하는 경향을 보이는 색이다.

또 네이비 등의 짙은 블루는 파워과 권력을 느끼게 하는 색으로 충성심, 신뢰감, 명예를 떠올리게 해준다. 이런 네이비 블루는 베이직 컬러 중에서도 가장 응용범위가 넓은 색으로 비즈니스 정장에 많이 사용되어, 프로페셔널을 상징하는 색, 신뢰할 수 있는 색으로 인식된다. 하늘의 스카이 블루와 바다의 파랑은 상쾌함과 건강을 나타내는 색이며, 사파이어 같은 보석의 색은 대담함이 느껴진다.

한편 블루는 소극적이고 지루하며 우울한 색으로 보여지기도 하므로 우울함을 표현하기도 한다. 노랑은 아이들이 좋아하는 색인 것과는 반대로 파랑은 성인들에게 많이 선호되는데, 그 경향은 남성쪽이 더 강하다. 또 문화가 발달하고 경제가 안정될수록 파랑에 대한 선호도는 더 높아지는데, 미국이나 유럽 등 선진국 도시들의 상징색이 파랑이며, 대기업 들의 기업 상징컬러가 파랑이 많다는 사실이 이를 뒷받침해준다.

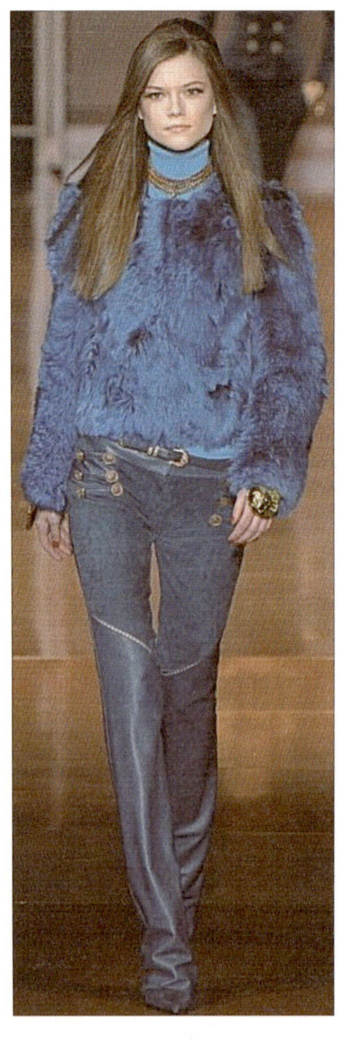

Image Map

※ 다양한 색조의 파랑색 이미지 사진을 찾아 붙여주세요.

(6) 보라 (Purple)

보라는 신비함, 개성적, 예술적, 섬세함 등의 이미지가 있다. 퍼플은 우아하고 매력적인 여성이미지를 연상시키기도 하며, 패션이나 인테리어에서 주요한 트랜드 컬러로 많이 사용된다. 또한 빨강색의 힘과 파란색의 우아함을 합쳐 놓은 색으로 오랜 역사 동안 왕족이나 왕권의 이미지와 연관되어 있으면서, 남성성과 여성성이 합쳐져서 동성애를 상징하기도 한다.

Image Map

※ 다양한 색조의 보라색 이미지 사진을 찾아 붙여주세요.

(7) 핑크 (Pink)

섬세함, 여성스러움, 화려함의 이미지를 모두 가지고 있으며 낭만적이고 달콤한 컬러이다. 로맨틱 이미지를 대표하는 핑크는 매력적이고 어린소녀의 생동감이 느껴지는 화사한 컬러이다.

핑크는 빨간색에 흰색을 섞은 파스텔 색이며, 빨간색보다 섬세하고 부드럽고 예쁘고 여성적인 이미지가 있다.

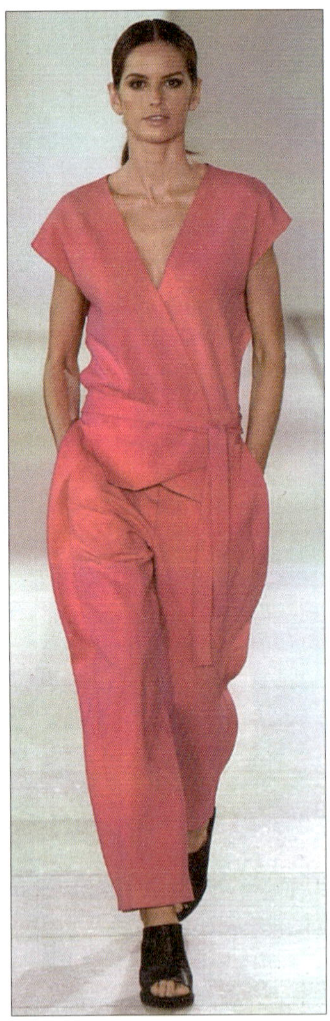

Image Map

※ 다양한 색조의 핑크색 이미지 사진을 찾아 붙여주세요.

(8) 갈색 (Brown)

브라운은 대지, 흙, 낙엽을 연상시키며 결단력, 성실 등의 이미지도 갖고 있다. 갈색은 자연의 색이라는 고정관념을 가지고 있는 사람들이 대부분이다. 자연에서 발견할 수 있는 갈색과 베이지색은 숲, 나무, 모래, 낙엽, 대지 등 셀 수 없을 만큼 많다. 마호가니, 커피, 밤, 낙타 등 이름 자체에 색조와 색상을 나타내는 색도 있다.

Image Map

※ 다양한 색조의 갈색 이미지 사진을 찾아 붙여주세요.

(9) 흰색 (White)

흰색은 빛의 상징이다. 또 순수, 청결, 소박, 신성 등의 이미지를 표현하며, 색들 중에서 아주 기초적이며 중요한 색상이다. 흰색은 고상하고 고급스러우며 깨끗한 인상을 주는데 전체적으로 부정적인 이미지 보다는 모든 것을 포용하는 색으로 다른 색들과 어울려 보다 부드럽고 밝고 선명하게 보이도록 만들 수 있다.

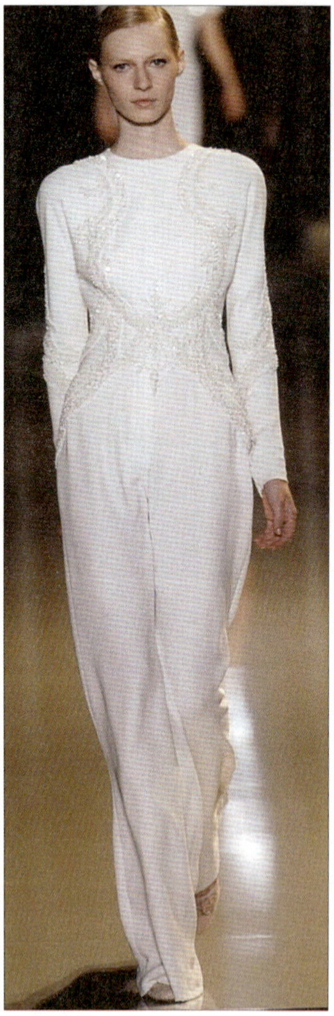

Image Map

※ 다양한 색조의 흰색 이미지 사진을 찾아 붙여주세요.

(10) 검정 (Black)

검정은 밤, 권력, 신비, 위엄 등을 상징하며 공포, 불행, 고독 등의 이미지도 갖고 있다. 블랙은 어떤 컬러와도 잘 어울리는 성질 때문에 패션 컬러중에서도 중요한 역할을 하고 있다. 블랙은 세련되고 엘레강스한 분위기를 연출할 수 있는 컬러로써 강하고 공신력있는 느낌을 주며, 남녀 모두의 의복착장에 있어서도 지배적인 색상이며, 검정색 옷은 도시 여성의 세련되고 모던한 이미지를 주는 기본 아이템으로 자리를 잡았다. 특히 의례적인 자리에서는 검정색 턱시도와 칵테일 드레스를 입고 있으면 잘 어울리는가 하면 섹시한 란제리 등의 이너웨어에도 인기가 있다. 검정색은 밤과 죽음, 마술, 공갈, 배척, 거절 등의 부정적인 의미도 함께 갖고 있어 다양한 연출이 가능하다.

또한 검정은 모든 빛을 흡수하기 때문에 복합적이고 깊은 느낌을 주며, 모든 색 가운데 가장 무겁게 느껴지는 색이기도 하다. 하지만 검정은 다른 색과의 배색에서 상대색의 명도를 높여 더욱 밝아 보이게 하는 효과가 있다. 그 예로 아이라이너의 효과와 안전주의 표지판 등을 들 수 있다.

Image Map

※ 다양한 색조의 검정색 이미지 사진을 찾아 붙여주세요.

2) 뷰티 & 패션이미지

(1) 로맨틱 이미지 (Romantic Image)

로맨틱은 '꿈꾸는, 낭만적인, 공상적인, 동화적인'이란 의미를 가진다. 로맨틱 이미지 패션이란 여성적이고 사랑스런 스타일을 말하는 것으로, 여성다운 부드러움, 귀엽고 사랑스러운 소녀적인 이미지이다.

핑크색은 로맨틱 컬러의 대표적인 색이며 옐로우, 퍼플 등의 색을 주조색으로 온화하고 부드러운 섬세한 감각의 색조와 부드러운 파스텔톤의 색상 배색에 이용된다.

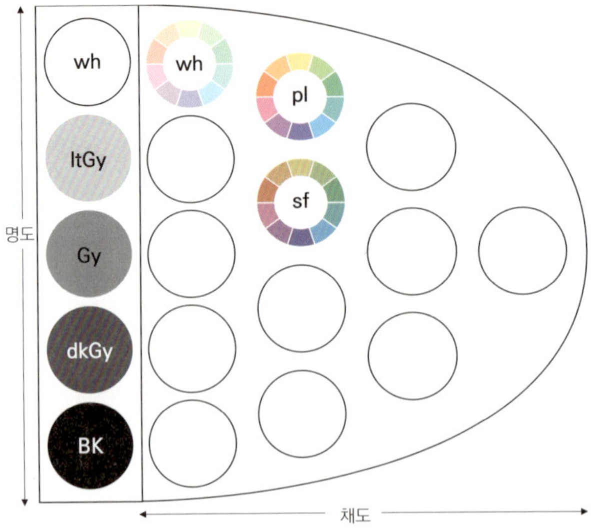

Image Map

※ 로맨틱 이미지의 사진을 찾아 붙여주세요.

(2) 엘레강스 이미지 (Elegance Image)

엘레강스란 '우아한, 고상한, 기품 있는'이라는 뜻이다. 부드러운 곡선이 흐르는 듯한 우아함, 신비로우면서도 고상한 운치가 있는 이미지이다. 패션 이미지로는 고급스러운 소재로 품위있고 성숙한 여성미를 부각시킨 간결한 형태의 복장을 엘레강스 패션이라고 한다.

색상으로는 그레이가 가미된 라이트 그레이톤이나 그레이톤의 색상이 중심이 되며 무채색인 화이트, 그레이, 블랙과의 배색이 알맞다. 배색에 있어서도 강한 대비가 없는 은은하고 부드러운 배색을 주로 한다.

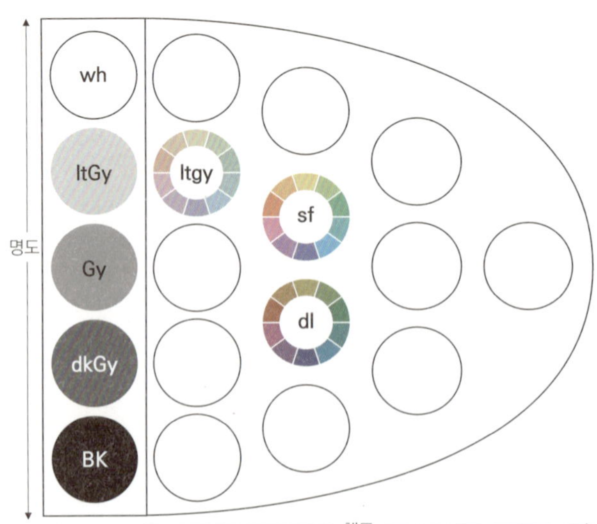

Image Map

※ 엘레강스 이미지의 사진을 찾아 붙여주세요.

(3) 에스닉 이미지 (Ethnic Image)

에스닉이란 '인종의, 민족의, 민간 전승의'이라는 의미이다. 에스닉 이미지의 패션은 민속복, 민족복에서 힌트를 얻어 소박하고 전원적인 민족의 문화나 관습을 취한 자연적이고 토속적인 스타일을 일컫는다.

색상은 붉은 색상이 가장 많고 비비드톤이 주조를 이룬다.

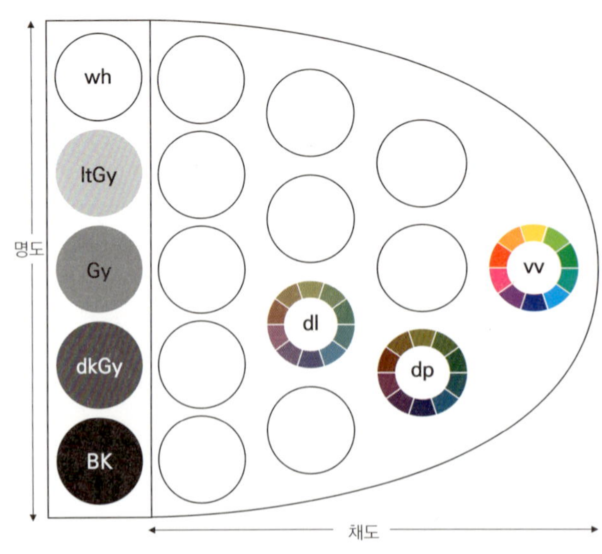

Image Map

※ 에스닉 이미지의 사진을 찾아 붙여주세요.

(4) 모던 이미지(Modern Image)

모던이란 '현대적, 근대적'이라는 의미를 갖는다. 패션에 있어서 모던은 날카롭고 차가운 느낌의 인상, 도시적이며 시크(chic)한 이미지의 현대적인 감각의 패션을 의미한다.

모던이미지를 표현하기 위해서는 차가운 한색계열 색상을 기본으로 하여 대담한 색상대비와 명암대비의 컨트라스트 효과를 이용하고 과감한 조화를 시도한다. 도시적이며 이지적인 색상, 기계적인 색상, 블루가 가미된 색상 등인데 색감이 억제된 것들로 모노톤이 많으며, 난색계열 색상을 첨가하면 캐주얼한 분위기나 악센트 배색의 효과를 동시에 연출할 수 있다. 이때는 면적을 조절하여 사용하여야 조화로운 모던이미지를 연출할 수 있다.

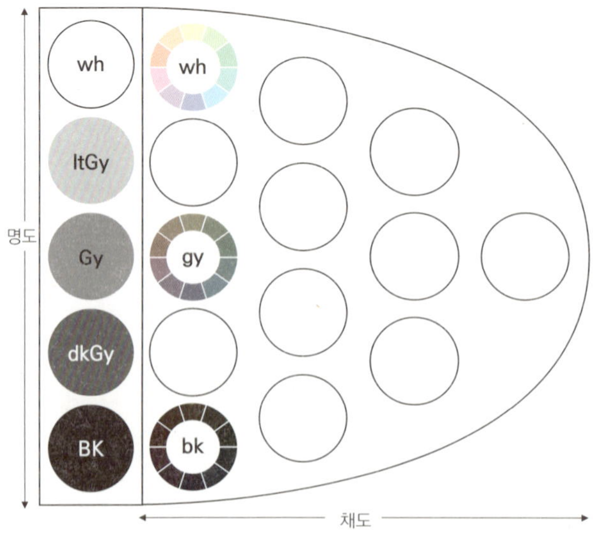

Image Map

※ 모던 이미지의 사진을 찾아 붙여주세요.

(5) 스포티 이미지 (Sporty Image)

스포티란 '경쾌한, 유희, 스포츠'등의 의미를 갖는다. 패션 이미지로서의 스포티브 이미지란 스포츠 웨어가 갖고 있는 기능성과 편안함을 패션에 넣어 활동적이고 건강한 스타일을 지향한 이미지를 말한다. 색상은 선명하고 밝은 비비드톤이나 기본색의 색상들이 많다.

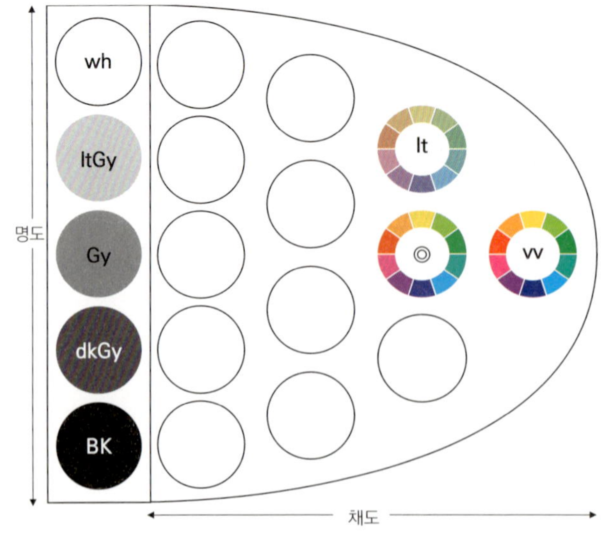

Image Map

※ 스포티 이미지의 사진을 찾아 붙여주세요.

(6) 아방가르드 이미지 (Avante-Garde)

아방가르드란 20세기 초 프랑스와 독일을 중심으로 자연주의(自然主義)와 고전주의(古典主義)에 맞서 일어난 예술 운동으로써, 입체파, 표현주의, 다다이즘, 초현실주의 등의 혁신 예술을 통틀어서 일컫는 말이다.

아방가르드의 원뜻은 '먼저 앞에 나서서 호위한다'는 의미를 지닌 전위(前衛)로 본래 전투 당시 선두에 서서 적진으로 돌진하는 부대라는 뜻을 가진 군대 용어로, 이것이 19세기 프랑스에서 혁신과 실험을 중시하는 새로운 기류를 반영하여 예술 운동에 적용되면서부터 예술 용어로 사용되게 되었다. 아방가르드는 기존의 관념과 가치를 부정하고 새로운 실험정신을 시도하려는 예술 경향으로 이해할 수 있겠다.

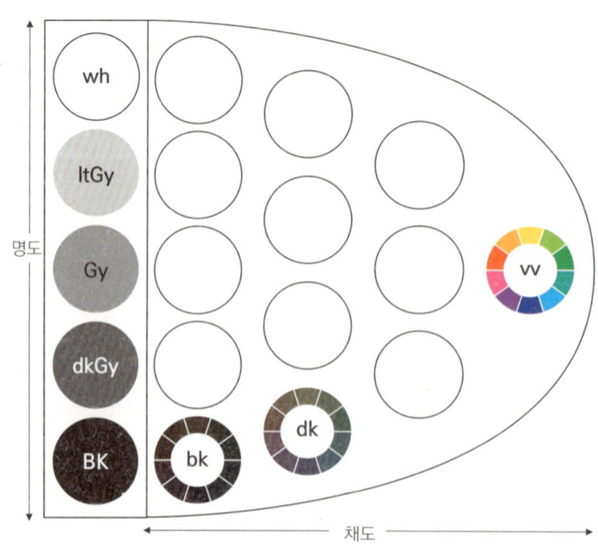

Image Map

※ 아방가르드 이미지의 사진을 찾아 붙여주세요.

(7) 럭셔리 이미지 (Luxury Image)

럭셔리는 사람의 눈을 끄는 호화로운 이미지를 나타내는 데 주로 부와 권력을 표현한다. '현란한, 화려한 풍부한, 사치스러운, 고운, 매력적인, 장식적인, 원숙한, 성숙한 등의 이미지가 있다.

색상은 화려한 비비드(vivid)톤과 딥(deep)톤을 배색하여 분위기를 연출할 수 있다.

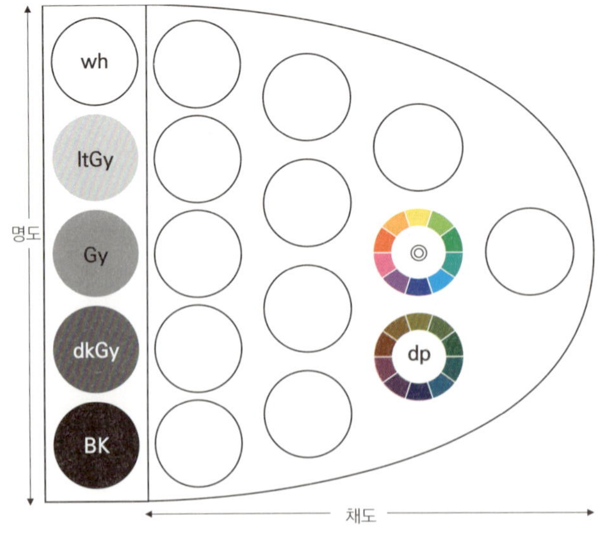

Image Map

※ 럭셔리 이미지의 사진을 찾아 붙여주세요.

(8) 트래디셔널(Traditional Image) 이미지

우리나라는 고대로부터 음양오행(陰陽五行) 사상에 근거한 색채문화를 지녔는데, 음양오행은 우주만물이 음양과 오행으로 이루어졌다는 사상이다.

한국의 전통색상은 오정색인 청, 적, 황, 백, 흑색과 오간색으로 녹색, 벽색, 홍색, 자색, 유황색 등과 잡색과 소색을 이용하였다. 단청이나 색동저고리의 배색은 음양오행사상에 근거한 대표적인 전통배색이다.

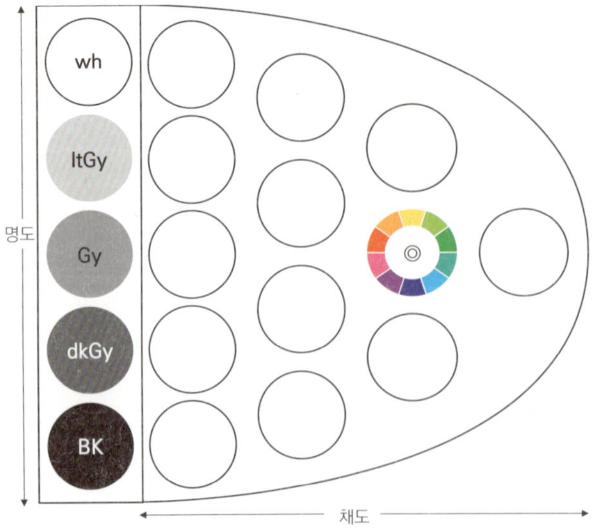

Image Map

※ 트래디셔널 이미지에 해당되는 사진을 찾아 붙이시오.

3) 계절 이미지

(1) 봄

만물이 소생하고 새싹이 돋는 느낌을 연상시키는 이미지로 명도와 채도가 높아 싱싱함, 생동감과 희망을 나타낸다. 모든 색에 노랑이 섞인 빛을 기본 바탕으로 밝은 옐로우, 피치, 옐로그린, 그린계열의 파스텔 톤을 많이 배색한 화사한 분위기의 사랑스럽고 귀여운 이미지가 많다.

Sample Image Map

Image Map

※ 봄 이미지와 색상에 해당하는 사진을 찾아 이미지 맵을 구성하시오.

(2) 여름

붉은 태양의 열정과 푸른바다의 시원함을 연상시킨다. 고채도의 레드, 블루, 그린 계열의 색상배색을 이용한 활기차고 역동적인 젊음의 이미지 표현에 알맞다. 흰색과 푸른색을 기본 바탕으로 차가운 색이 주를 이루며, 명도가 높고 채도가 낮은 여성스러운 이미지이다.

Sample Image Map

Image Map

※ 여름 이미지와 색상에 해당하는 사진을 찾아 이미지 맵을 구성하시오.

(3) 가을

자연에서 접하는 흙, 나무, 숲, 단풍, 낙엽에서 연상되는 내추럴 이미지들로 딥(deep)이나 다크(dark)톤의 색상으로 원숙하고 평안하여 풍요롭고 풍성한 이미지를 갖는다.

브라운계열을 기본 색상으로 하여 퍼플, 골드, 와인 등의 색상 배색에 어울린다.

Sample Image Map

Image Map

※ 가을 이미지와 색상에 해당하는 사진을 찾아 이미지 맵을 구성하시오.

(4) 겨울

자연의 만물이 쉬는 계절로 휴식, 정지, 소멸을 상징한다. 계절을 대표하는 이미지인 눈의 화이트 색상을 기본으로 하여 차갑고 이지적인 이미지를 표현할 수 있는 그레이시톤의 블루, 베이지, 블랙 등의 색상이 어울린다.

Sample Image Map

Image Map

※ 겨울 이미지와 색상에 해당하는 사진을 찾아 이미지 맵을 구성하시오.

Beauty Color 8

색채기획 및 활용

1) 컬러링 아트

(1) 옵티컬아트(Optical Art)

1960년대 미국에서 일어난 추상미술의 한 경향으로 상업적인 팝아트에 반발하여 생긴 것이다. 옵 아트(Op Art)라고 약칭하여 불린다. 시각적인 원리에 근거를 두어 추상적, 기하학적, 기계적 형태나 패턴 등의 반복으로 착시 효과가 나타나는 예술을 말한다. 따라서 옵아트는 눈의 기능이 가장 중요한 역할을 하고 있으며 시각의 생리적인 면과 심리적인 면이 조형의 기본이 되고 있다.

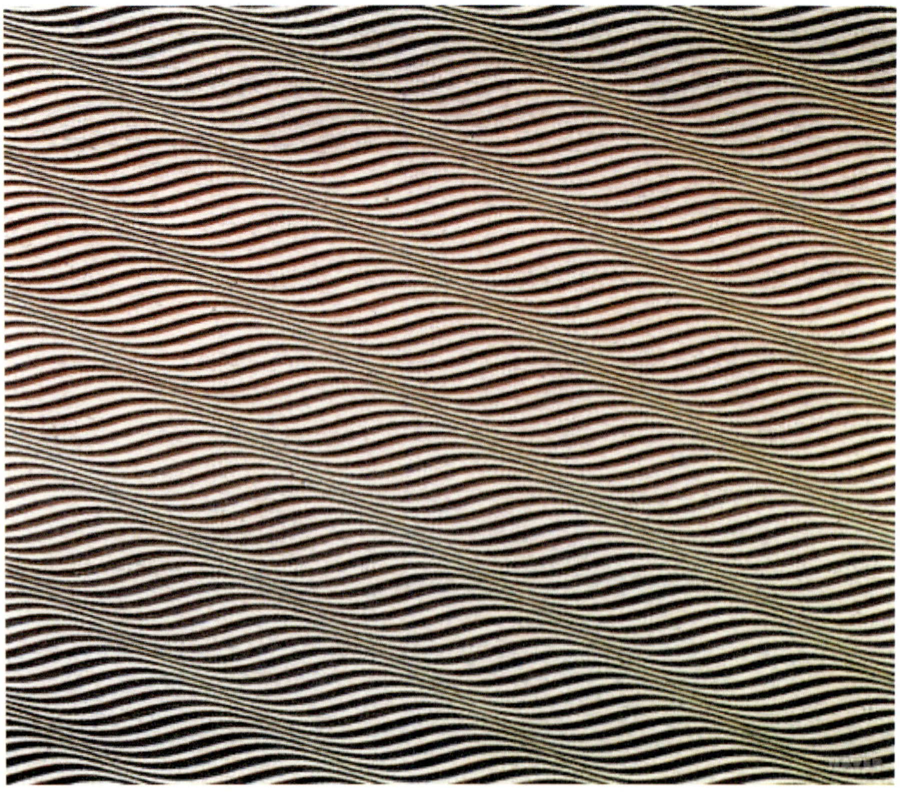

〈그림 10〉 홍수 3

옵 아트, 라일리, 브리티시 카운슬, 1967년, 222 x 223cm

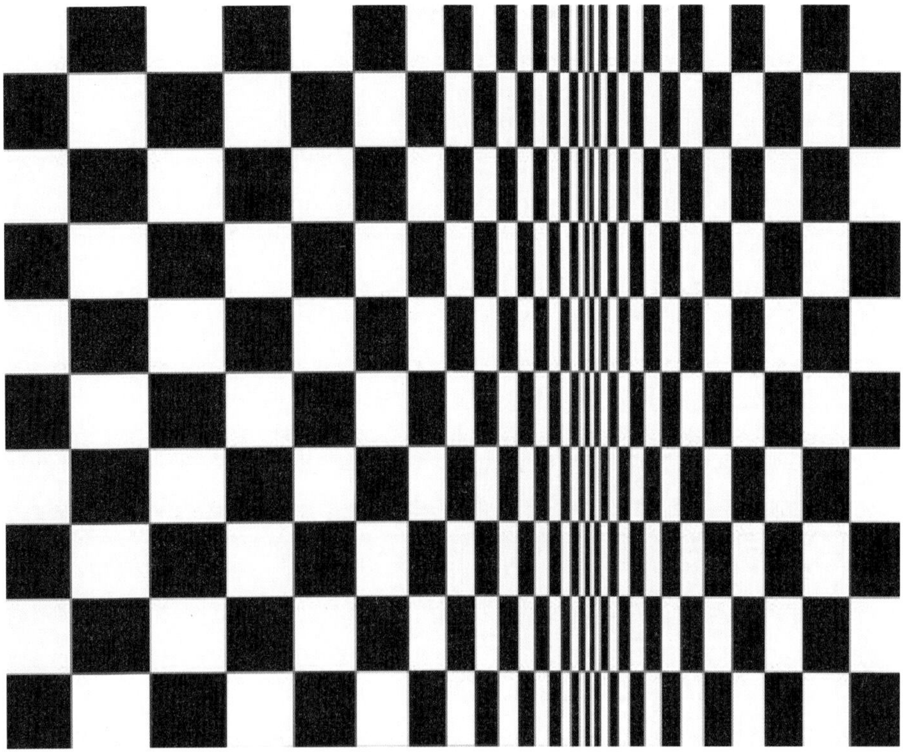

〈그림 11〉 Tempera on Hardboard

Bridget Riley, Movement in Squares, 1961

08

※ 옵티컬아트 패턴을 직접 만들어 보세요.

(2) 팝아트(Pop Art)

팝아트는 1954년 영국의 비평가 로렌스 알로웨이(Lawrence Alloway)가 매스컴의 광고 문화에 의해 창조된 대중예술을 가리키는 것으로 처음 사용되었다. 팝아트의 성격은 대중적, 일시적, 값싼, 대량생산되는 이미지를 가지고 있다. 대표적인 작가로는 앤디워홀(Andy Warhol), 리히텐슈타인(Lichtenstein), 클래스 올덴버그(Claes Oldenburg)가 있다.

〈그림 12〉 100

Campbell Soup Cans, 1962, 앤디워홀

〈그림 13〉 마릴린 먼로

앤디워홀, 1967년, 실크스크린, 91 x 91cm, 런던 테이트 갤러리

〈그림 14〉 로메로 블리또(Romero Britto, 1963~) 작,
팝아트 사진.

※ 팝아트 컬러를 사용하여, 다양한 색상으로 채색하시오.

(3) 아르누보(Art Nouveau)

1890년대 유럽과 미국 등지에 널리 확산되어 일어난 새로운 미술운동으로 건축분야에서 시작되어 실내장식, 가구 그리고 포스터, 인테리어 소품 등으로 광범위하게 영향력을 행사하였다. 장식적이고 단순성을 강조하고, 양식화된 패턴은 사라지고 자연주의적 개념에 기초해 식물을 모티브로 사용한 자연주의적 문양 등이 등장한다. 쇠라, 마네, 시냑 등에 의하여 아르누보를 꽃피웠다.

〈그림 15〉 모나코 몬테카를로 (1897)

알폰소 무하 (Alphonse Mucha) 작.

〈그림 16〉 스토클래 저택벽화(1905~1909)

클림트 작, 아르누보 양식을 응용한 작품,
대리석에 금, 은, 템페라, 에나멜 등 사용, 97.7X105.4
오스트리아 응용미술과, 빈

〈그림 17〉 황도12궁, 채색석판화 (1896)

알폰소 무하 (Alphonse Mucha) 작.

※ 아르누보 양식의 컬러를 사용하여 자유롭게 채색하시오.

(4) 몬드리안(Fiet Mondrian)

몬드리안에게 추상은 미학적 가치와 도덕적 가치라는 이중적 의미를 지니고 있다. 자연에서 출발하여 그것을 단순화하는 단계에서 수평과 수직적인 요소들을 대립시키고 있다. 몬드리안의 신조형주의 사상은 수평과 수직의 직선, 사각형의 평면, 비례의 미를 추구한 순수기하학적 추상이론으로서 20세기 추상예술과 조형예술 전반에 영향을 주었다.

〈그림 18〉 피에트 몬드리안

〈그림 19〉 몬드리안 룩

※ 몬드리안 디자인으로 패턴을 만들어 보세요.

(5) 오방색(五方色)

우리나라 전통의 색상으로 황(黃), 청(靑), 백(白), 적(赤), 흑(黑)의 5가지 색을 말한다. 황색, 적색, 백색은 양으로 분류하고, 청색과 흑색은 음으로 분류된다. 오행의 논리에 따라 분류된 오방색은 모든 색의 기본이며 음양의 두 기운이 다섯가지 원소를 생산하였는데 목(木), 화(火), 토(土), 금(金, 수(水)의 음양오행 사상을 기초로 하고 있다. 오방간색은 녹(綠), 벽(碧), 홍(紅), 류황(류黃), 자(紫)의 다섯 가지를 말한다. 오방간색은 오방색의 중간색이라고 할 수 있다.

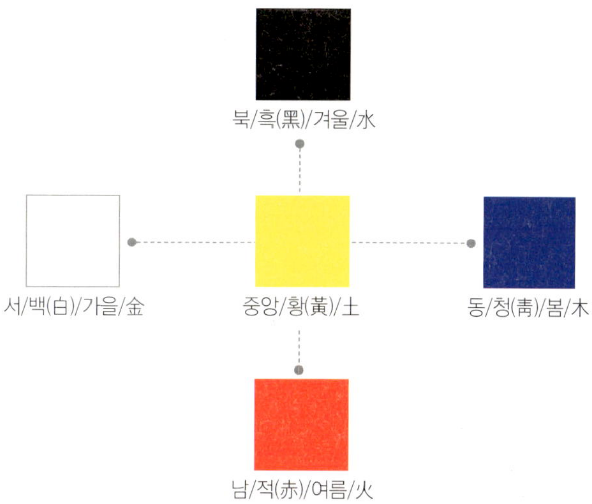

※ 오방색으로 디자인하고 색을 칠해 보세요.

(6) 점묘법 컬러링

2) 배색기법을 이용한 상품디자인 색채계획

(1) 아이섀도우

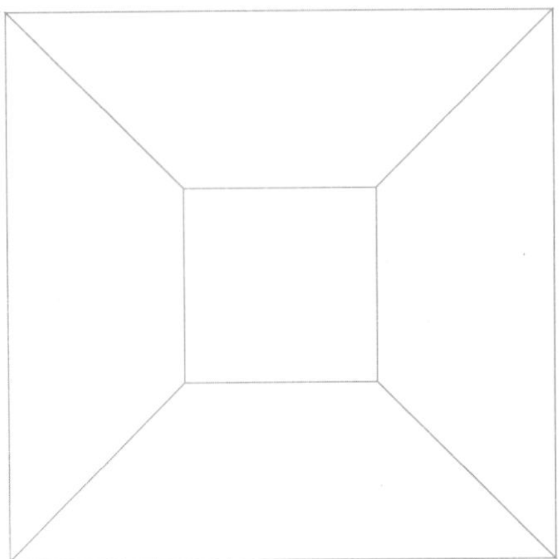
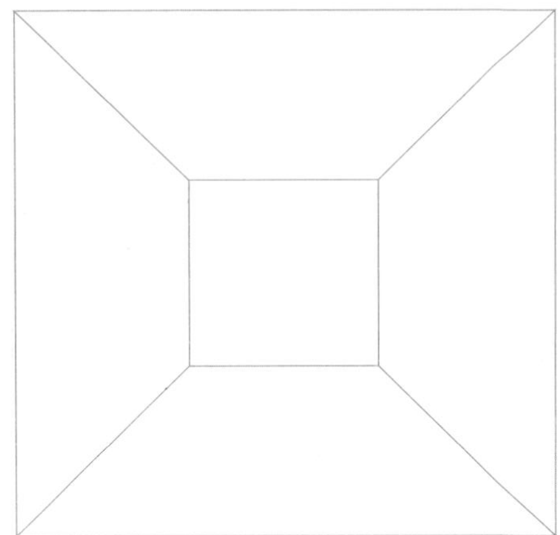
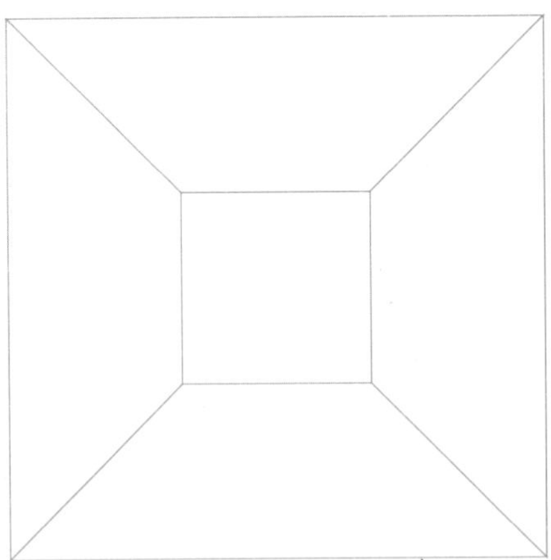
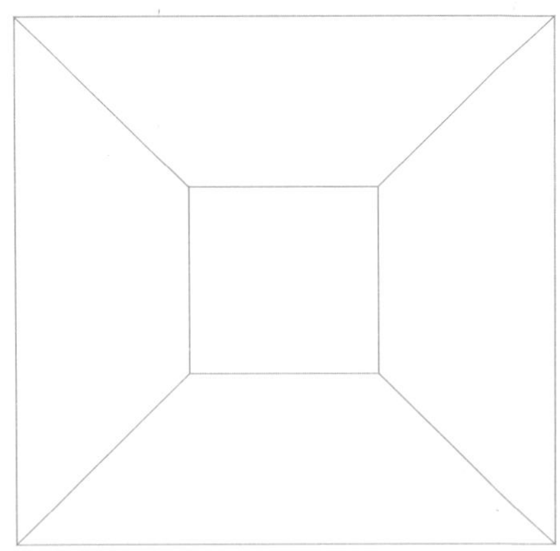

※ 배색기법을 이용하여 채색하고, 어떤 배색기법을 사용했는지 써주세요.

(2) 넥타이

도미넌트 배색

엑센트 배색

유사 배색

반대 배색

명도 배색

그라데이션 배색

톤 온 톤 배색

톤 인 톤 배색

세퍼레이션 배색

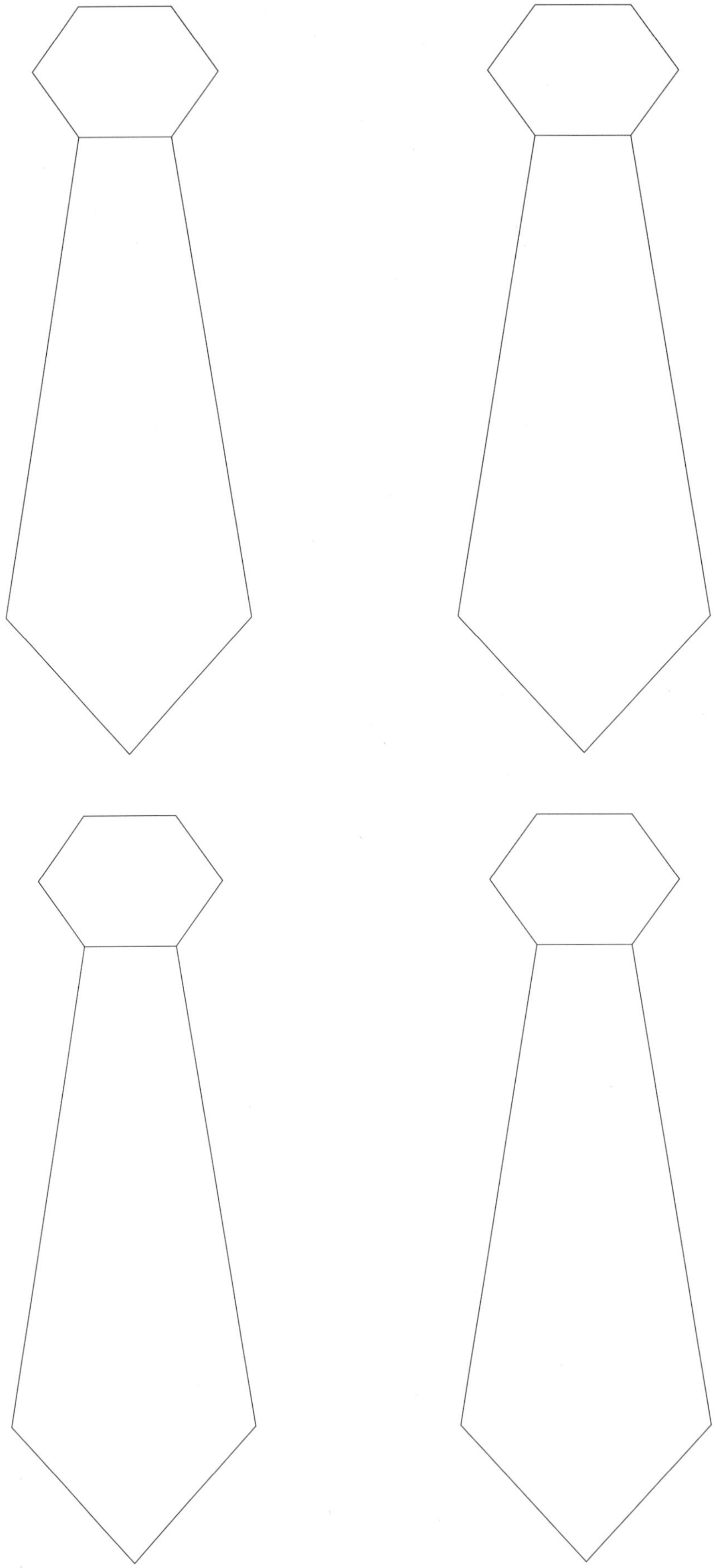

※ 배색기법을 이용하여 채색하고, 어떤 배색기법을 사용했는지 써주세요.

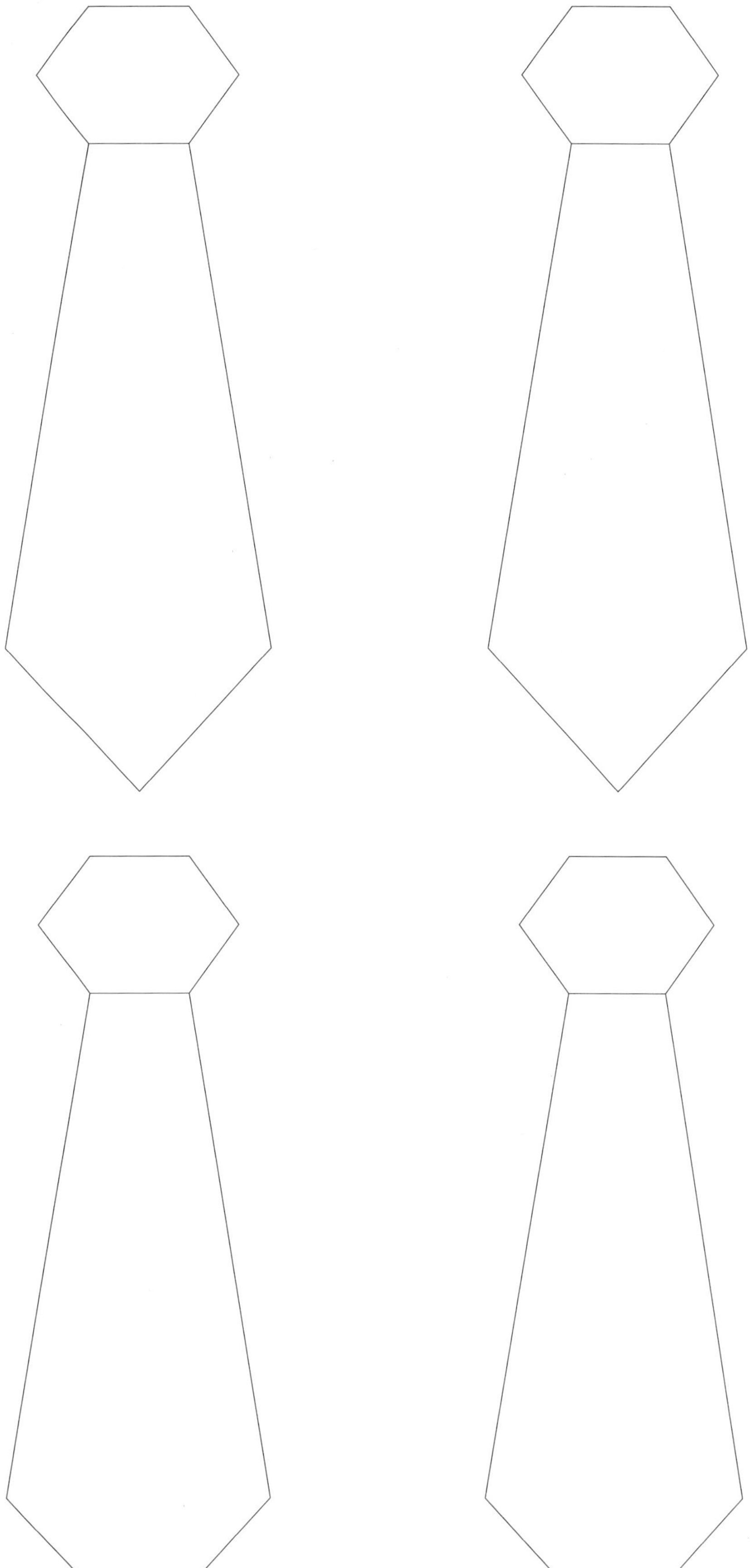

※ 배색기법을 이용하여 채색하고, 어떤 배색기법을 사용했는지 써주세요.

(3) 난색 또는 한색을 이용한 "꿈" 디자인

Image Map

※ 한색 또는 난색을 이용한 "꿈"을 주제로 디자인해 보세요.

(4) 트랜드 칼라를 이용한 이미지맵 구성

Image Map

Image Map

(5) 패턴디자인

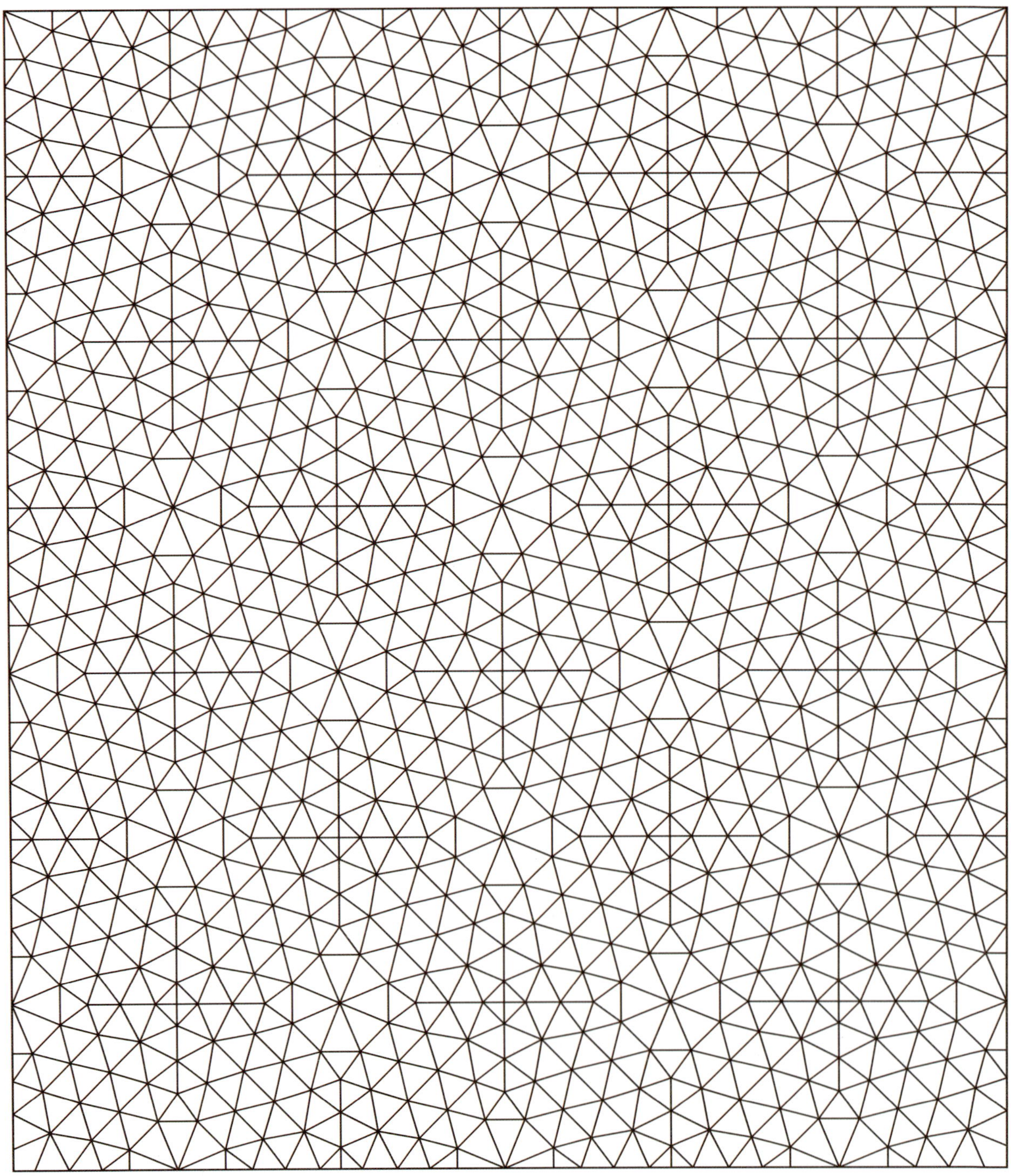

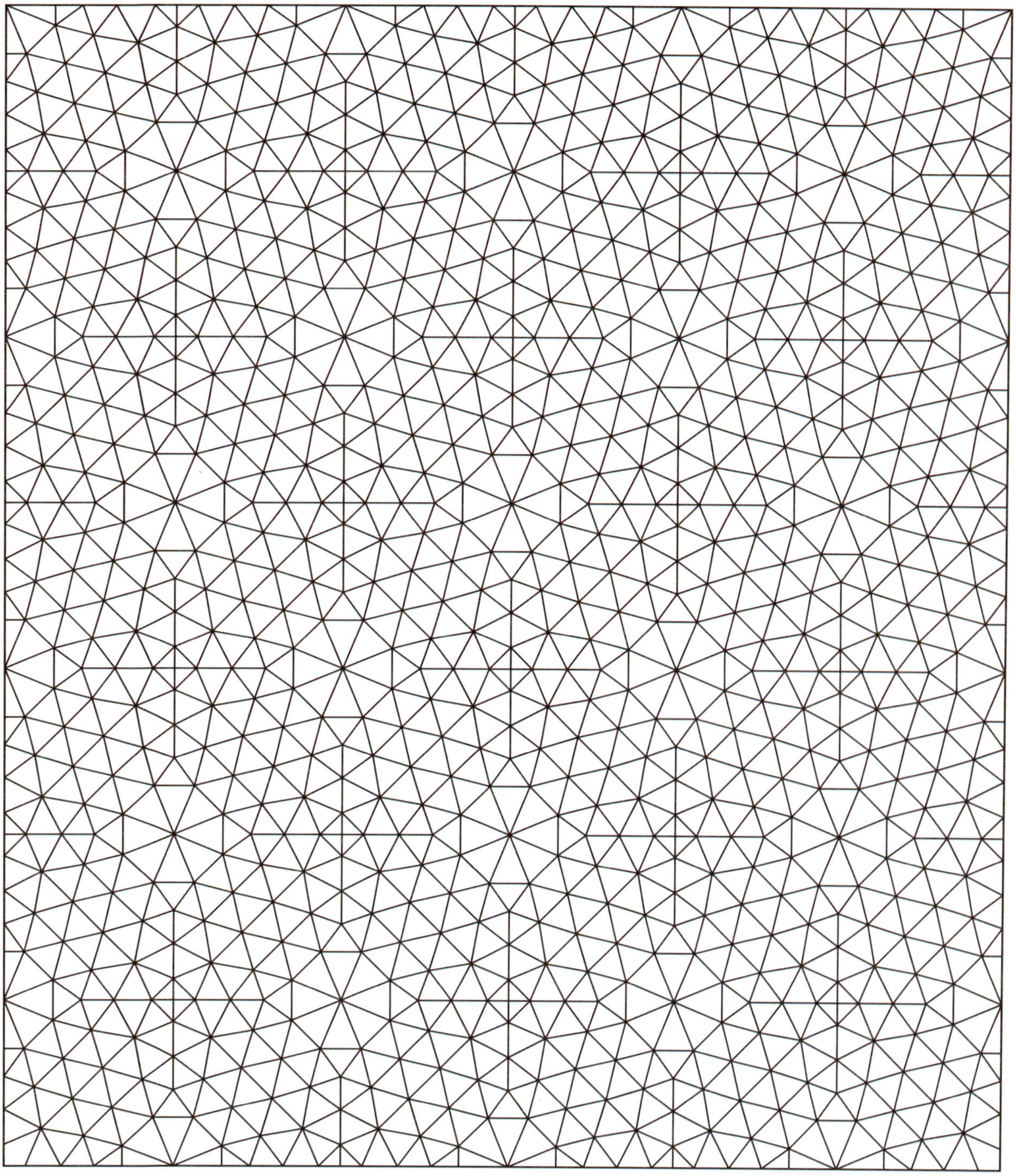

참 / 고 / 문 / 헌

C&D 연구소, 색채론 해설집,

한명숙, 선정희, 색채실기, 학문사, 2003.

Colorist 이론편 & 실기편, (사)한국색채학회, 예림, 2012.

이인성. 이언영 지음, 컬러 & 디자인 이미지, 교문사, 2007.

정숙영, 색채미학, 청구문화사, 2011.

이인성. 이언영 지음, 컬러 & 디자인 이미지, 교문사, 2007.

한명숙, 선정희, 디자이너를 위한 색채실기, 학문사, 2003.

이영애 외 4, 뷰티디자인 색채학, 청구문화사, 2003.

Color Chart, (주)라사라 패션정보

미미쿠퍼, 엘린 매듀 (안진환 옮김), 컬러비즈니스 (color smart), 2002.

조기여 외 5인, Color -색&배색-, 성화, 2013.

차은진, 한지수, 컬러리스트, 경춘사,

이인성, 이언영, Color & Design Image, 교문사, 2007.

박옥련, 김은정, Color: 색, 형설출판사

色彩, Bunka Fashion College, 1999.

장 폴 뷔용/윤철규옮김, 아르누보, 열화당(1992).

클리오란 캘린더

「Color me Beautiful」, Carole Jackson

Code Beauty & Accessory, 예림

박연선, 김민경,문은배, 컬러리스트 실기편, 예림, 2013.

조기여,이화순,방수진,하영복,이운현,정명아, COLOR, 성화, 2013.

김모래(2011), 팝아트의 현대적 조명; 영국과 미국의 팝아트를 중심으로, 강원대학교 대학원 석사논문.

김송희(2012), 브리짓 라일리의 작품을 응용한 옵아트 이미지의 패턴디자인 연구:digital textile printing기법 중심으로, 이화여자대학교 대학원 석사논문.

이은지(2003), 아르데코양식을 응용한 의상디자인 연구 : 1920년대 양식을 중심으로, 이화여자대학교 디자인 대학원, 석사학위 논문.

김하연(2015), 한국회화 작품에 나타나는 오방색(五方色)에 관한 연구 : 박생광 전혁림을 중심으로, 고려대학교 교육대학원 석사학위 논문.

(사)한국색채학회, 컬러리스트 이론편, 예림, 2012.

COLLECTION, 동아TV, 2012 S/S

COLLECTION, 동아TV, 2013 S/S

COLLECTION, 정은도서, 2014 S/S

MODEetMODE, No 365, 2014 S/S

gapPRESS, VOL 26, HAUTE COUTURE
gapPRESS, VOL 91, PRET-A-PORTER
gapPRESS, VOL100 PRET-A-PORTER
gapPRESS, VOL102 PRET-A-PORTER
COLLECTIONS 31, 2014 S/S Pret-a porte, Yelim
COLLECTIONS 31, 2014 F/W Pret-a porte, Yelim
Beauty & Accessory 34, 2014 S/S Pret-a porte, Yelim
Dong A collection, 2012 S/S

www.style.com, RTW, ATC/ 2011 S/S, 2013 S/S, 2015 S/S, 2016 S/S, 2014 F/W, 2015 F/W, 2016 F/W
http://tems.naver.com/entry.nhn?docld=16247,모시조각보
http://terms.naver.com/entry.nhn?docld=1210924.
http://imagesearch.naver.com.옵아트

두산백과, 2015.
색채용어사전, 2015.
패션전문자료사전, 2015.
문학비평 용어사전, 2015.
색채용어사전, 2015.
[네이버 지식백과] 톤의 이미지 (color, 2007. 3. 10., 형설출판사)

자료제공
한양대학교 학생작품(이미지맵)
신안산대학교 학생작품(꿈디자인)

이 화 순
현) 신안산대학교 뷰티디자인과 교수
경희대학교 일반대학원 의상학과 이학박사

이 운 현
현) 한양대학교 예술디자인대학원 패션뷰티전공 겸임교수
경희대학교 일반대학원 의상학과 이학박사